职业教育课程改革创新规划教材·精品课程系列

传感器技术应用

主　编　刘文静

参　编　张晓宇　付思瑶　曹雪伟　刘　宁

　　　　徐冠英　杨　晨　吕学武

主　审　王启洋

电子工业出版社

Publishing House of Electronics Industry

北京·BEIJING

内 容 简 介

本书是中等职业学校工科类教材，是行动导向教学改革试验教材。

本书以培养学生实践动手能力为主线，以生产生活中的典型项目为载体，将传感器的相关知识融入到各个工作任务中。主要项目包括酒精检测仪制作、敲击式电子门铃制作、霍尔转数计数器制作、数字温度计制作、人体防盗报警器制作、可控机器猫制作、机车速度信号采集系统搭建、物料识别系统搭建、工业视觉系统搭建9个项目，每个项目的知识点随着实际工作的需要引入，项目内容包括"项目任务书"、"信息收集"、"项目实施"、"项目考核"等环节。教材中提供了电路原理图、元器件清单、产品实物照片等内容，并配有项目测试题及相应的阅读材料，以巩固所学的内容。同时，书中配有大量的传感器实物图片，用以增强学生对传感器的感性认识。

本书可作为中等职业学校电子、电气、自动化及仪表等相关专业教材。为方便教师教学，本书还配有电子教学参考资料包。

未经许可，不得以任何方式复制或抄袭本书之部分或全部内容。
版权所有，侵权必究。

图书在版编目（CIP）数据

传感器技术应用 / 刘文静主编. —北京：电子工业出版社，2013.12
职业教育课程改革创新规划教材. 精品课程系列

ISBN 978-7-121-22077-7

Ⅰ.①传… Ⅱ.①刘… Ⅲ.①传感器—中等专业学校—教材 Ⅳ.①TP212

中国版本图书馆 CIP 数据核字（2013）第 291529 号

策划编辑： 张　帆
责任编辑： 张　帆
印　　刷： 北京虎彩文化传播有限公司
装　　订： 北京虎彩文化传播有限公司
出版发行： 电子工业出版社
　　　　　北京市海淀区万寿路 173 信箱　邮编　100036
开　　本： 787×1092　1/16　印张：11.75　字数：300.8 千字
版　　次： 2013 年 12 月第 1 版
印　　次： 2023 年 12 月第 12 次印刷
定　　价： 26.80 元

凡所购买电子工业出版社图书有缺损问题，请向购买书店调换。若书店售缺，请与本社发行部联系，联系及邮购电话：（010）88254888。

质量投诉请发邮件至 zlts@phei.com.cn，盗版侵权举报请发邮件至 dbqq@phei.com.cn。

本书咨询联系方式：（010）88254592，bain@phei.com.cn。

前　言

本书是中等职业学校工科类教材，是行动导向教学改革试验教材。

传感器（Transducer/Sensor）是一种检测装置，能感受到被测量的信息，并能将检测感受到的信息，按一定规律变换成为电信号或其他所需形式的信息输出，以满足信息的传输、处理、存储、显示、记录和控制等要求。人们在利用信息的过程中，首先要解决的就是要获取准确可靠的信息，而传感器是获取自然和生产领域中信息的主要途径与手段。在现代工业生产尤其是自动化生产过程中，要用各种传感器来监视和控制生产过程中的各个参数，使设备工作在正常状态或最佳状态，并使产品达到最好的质量，因而传感器是实现自动检测和自动控制的首要环节。

传感器技术应用是中等职业学校电类专业的核心课程。通过本课程的学习，学生可掌握各类传感器的工作原理；了解各类传感器的基本结构和应用；初步学会选择、安装使用传感器，搭建简易的检测系统等专业技能。

本书以培养学生实践动手能力为主线，以生产生活中的典型项目为载体，将传感器的相关知识融入到各个工作任务中。主要项目包括酒精检测仪制作、敲击式电子门铃制作、霍尔转数计数器制作、数字温度计制作、人体防盗报警器制作、可控机器猫制作、机车速度信号采集系统搭建、物料识别系统搭建、工业视觉系统搭建 9 个项目，每个项目的知识点随着实际工作的需要引入，项目内容包括"项目任务书"、"信息收集"、"项目实施"、"项目考核"等环节。教材中提供了电路原理图、元器件清单、产品实物照片等内容，并配有项目测试题及相应的阅读材料，以巩固所学的内容。同时，书中配有大量的传感器实物图片，用以增强学生对传感器的感性认识。

在中国共产党第二十次全国代表大会的报告中指出，统筹职业教育、高等教育、继续教育协同创新，推进职普融通、产教融合、科教融汇，优化职业教育类型定位。加强基础学科、新兴学科、交叉学科建设，加快建设中国特色、世界一流的大学和优势学科。本书的项目 7 "机车速度信号采集系统搭建"和项目 9 "工业视觉系统搭建"均来源于校企合作的项目，项目 8 "物料识别系统搭建"来源于学生技能竞赛项目，项目选取体现并贴合了"产教融合"的会议精神，项目内容贯彻新发展理念，体现新技术、新标准、新规范的应用，保证教学内容与时代同步，更好地满足教与学的需要。

本书由大连电子学校刘文静主编，大连电子学校王启洋教授担任主审，大连爱丁数码产品有限公司左奎亮工程师担任副主编。刘文静编写了项目5和项目6，并对全书进行了统稿；张晓宇编写了项目1；曹雪伟和刘宁编写了项目2；付思瑶编写了项目3、项目4和项目7；徐冠英和杨晨编写了项目8；大连日佳电子有限公司吕学武部长编写了项目9。

本书在编写过程中得到了大连爱丁数码产品有限公司总经理王猛钢、工程师左奎亮的大力支持和技术指导，在此深表感谢！同时感谢中国北车集团电力牵引研发中心刘维洋工程师的技术指导与支持。

本书9个项目均给出了项目考核评价标准，任课教师在教学过程中可以参考使用，用于教学项目考核。

下表为学时分配建议，仅供任课教师参考。

学时分配建议

序　号	项目内容	学 时 分 配			
		合　计	讲　授	实　训	考　核
1	酒精检测仪制作	12	6	4	2
2	敲击式电子门铃制作	10	4	4	2
3	霍尔转数计数器制作	12	4	6	2
4	数字温度计制作	12	4	6	2
5	人体防盗报警器制作	12	4	6	2
6	可控机器猫制作	14	4	8	2
7	机车速度信号采集系统搭建	12	4	6	2
8	物料识别系统搭建	12	4	6	2
9	工业视觉系统搭建	12	4	6	2
合　　计		108	38	52	18

由于编写经验不足，书中难免有错误和不妥之处，恳请使用本书的广大教师和学生对书中存在的问题提出宝贵的意见和建议，以便进一步完善本教材。

本书可作为中等职业学校电子、电气、自动化及仪表等相关专业教材。

编　者

目　　录

酒精检测仪制作

知识目标

1．认识传感器；
2．了解传感器的组成和基本特性；
3．掌握电阻式传感器的基本工作原理；
4．知道气敏电阻传感器的原理和特性；
5．了解酒精浓度传感器 MQN 的应用。

技能目标

1．会选择使用 MQN 型气敏电阻传感器；
2．会检测并使用 MQ-3 酒精气体传感器；
3．能够熟练焊接组装酒精检测仪电路。

任务 1　项目任务书

1.1.1　项目描述

2008 年世界卫生组织的事故调查显示，50%～60%的交通事故与酒后驾驶有关。在我国，每年由于酒后驾车引发的交通事故达数万起；而造成死亡的事故中 50%以上都与酒后驾车有关。为防止机动车驾驶员酒后驾车造成事故，避免人员伤亡和财产的重大损失，对驾车人员呼气中酒精含量的检测非常重要，酒精浓度检测仪得到了广泛应用。

图 1-1 是一种常见的酒精浓度检测仪，用于汽车驾驶员饮酒驾车的检测。

图 1-1　酒精浓度检测仪

1.1.2　项目任务

根据给定的元器件、印制电路板和电路图，按照电子产品制作工艺，通过焊接、组装和调试，制作一台酒精检测仪。

任务 2　信　息　收　集

1.2.1　传感器基本知识

1. 定义

传感技术、计算机技术和通信技术称为信息技术的三大支柱。从仿生学观点，如果把计算机看成处理和识别信息的"大脑"，把通信系统看成传递信息的"神经系统"，那么传感器就是"感觉器官"。

传感器是将被测非电量信号转换为电量输出的器件或装置，是实现自动检测和自动控制的首要环节。

2. 组成

传感器一般由敏感元件、传感元件和测量转换电路三部分组成，如图 1-2 所示。

图 1-2　传感器组成框图

以图 1-3 所示的压力传感器为例：

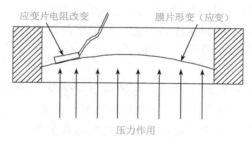

图 1-3　压力传感器示意图

（1）敏感元件

敏感元件能够直接感知（响应）被测量，并按一定规律转换成与被测量有确定关系的其他量。例如，应变式压力传感器的弹性膜片就是敏感元件，作用是将压力转换成弹性膜片的形变。它直接感受被测量，并使输出量与被测量成某种确定关系。

（2）传感元件

传感元件又称变换器，能将敏感元件感受到的非电量直接转换成电量。例如，应变式压力传感器中的应变片就是传感元件，作用是将弹性膜片的形变转换成电阻值的变化。

（3）测量转换电路

测量转换电路能把传感元件输出的电信号转换为便于显示、记录、处理和控制的电信号。这些电路的类型根据传感器类型而定，通常采用电桥、放大电路、变阻器电路、A/D 与 D/A 转换、调制和振荡器等电路。

3. 分类

传感器种类繁多，分类方法也各不相同。

（1）根据输入物理量可分为：位移传感器、压力传感器、速度传感器、温度传感器及气敏传感器等。

（2）根据工作原理可分为：电阻式、电感式、电容式及电势式等。

（3）根据输出信号的性质可分为：模拟式传感器和数字式传感器。即模拟式传感器输出模拟信号，数字式传感器输出数字信号。

（4）根据能量转换原理可分为：有源传感器和无源传感器。有源传感器将非电量转换为电能量，如电动势、电荷式传感器等；无源传感器不起能量转换作用，只是将被测非电量转换为电参数的量，如电阻式、电感式传感器等。

通常把工作原理和用途结合起来命名传感器，如电感式位移传感器、压电式加速度传感器等。

4. 特性

传感器的特性如下：

（1）灵敏度

灵敏度是指传感器在稳定状态下，输出变化量 Δy 与输入变化量 Δx 的比值，表示为

$$K = \frac{\Delta y}{\Delta x} \tag{1-1}$$

灵敏度是输入-输出特性曲线的斜率，对线性传感器而言，灵敏度为一常数；对非线性传感器而言，灵敏度随输入量的变化而变化。从输出曲线上看，曲线越陡，灵敏度越高。一般希望灵敏度 K 在整个测量范围内保持为常数。

（2）分辨力

分辨力是指传感器能够检测出被测信号的最小变化量。当被测量的变化小于分辨力时，传感器对输入量的变化无任何反应。对于模拟式仪表，分辨力即面板刻度盘上的最小分度；对于数字式仪表，若没有其他附加说明，一般认为该表的最后一位所表示的数值就是它的分辨力。

（3）分辨率

将分辨力除以仪表的满量程就是仪表的分辨率。对于数字式仪表而言，一般将该表的最后一位所代表的数值除以该表的满量程，就可以得到该表的分辨率。

灵敏度越高，分辨力与分辨率越高，但测量范围往往越窄，稳定性也越差。

（4）线性度

传感器的输入与输出应为线性关系。这样可使显示仪表的刻度均匀，在整个测量范围内有相同的灵敏度。线性度（也叫非线性误差）是指传感器输出与输入之间数量关系的线性程度。用实测的输入-输出特性曲线与拟合直线之间的最大偏差 $\Delta_{\max}$ 与满量程输出 y_{FS} 的百分比来表示，即

$$E_f = \frac{\Delta_{\max}}{y_{\text{FS}}} \times 100\% \tag{1-2}$$

由于线性度是以所参考的拟合直线为基准线求得的，所以基准线不同得到的线性度就不同。拟合直线的选取方法很多，采用理论直线（连接理论曲线坐标零点和满量程输出点的直线）作为拟合直线而确定的线性度称为理论线性度。线性度示意图如图1-4所示。

（5）迟滞

迟滞是指传感器在正向（输入量增大）和反向（输入量减小）行程期间，输入-输出特性曲线的不一致程度，常用 E_t 表示

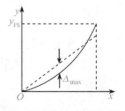

图1-4　线性度示意图

$$E_t = \frac{\Delta H_{\max}}{y_{\text{FS}}} \times 100\% \tag{1-3}$$

迟滞可能是由仪表元件存在能量吸收或传动机构的摩擦、间隙等原因造成的。迟滞会使传感器或检测系统的重复性、分辨力变差，造成测量盲区，一般希望迟滞越小越好。迟

滞特性示意图如图 1-5 所示。

（6）测量范围与量程

测量范围是指正常工作条件下，传感器测量的总范围，以测量范围的下限值和上限值表示。如某温度传感器的测量范围是 $-100\sim+350℃$。

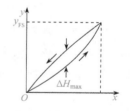

图 1-5　迟滞特性示意图

量程是测量范围上限值与下限值的代数差。如上述温度传感器的量程是 $450℃$。

（7）稳定性

稳定性包括时间稳定度和环境影响量。

一般以仪表的示值变化量与时间的长短之比来表示稳定度。例如，某仪表输出电压值在 5h 内的最大变化量为 1.5mV，则表示为 1.5mV/5h。

环境影响量仅指由外界环境变化而引起的示值变化量。示值的变化由两个因素构成，一是零漂，二是灵敏度漂移。

造成环境影响的因素有温度、湿度、电源电压、电源频率等。

（8）可靠性

可靠性是反映传感器和检测系统在规定的条件下和时间内，是否耐用的一种综合性的质量指标。

常用的可靠性指标有故障平均间隔时间、平均修复时间和故障率（或失效率）λ。

（9）电磁兼容性（EMC）

EMC 是指电子设备在规定的电磁干扰环境中能正常工作，而且也不干扰其他设备的能力。

5. 应用

在自动化生产过程中，使用各种传感器监视和控制生产过程参数，使设备工作在正常或最佳状态，以提高产品质量。目前，传感器已广泛应用于工业生产、宇宙开发、海洋探测、环境保护、资源调查、医学诊断、生物工程以及文物保护等领域。

1.2.2　气敏电阻传感器

1. 电阻式传感器

电阻式传感器能将被测非电量（如位移、应变、浓度、温度、湿度等）的变化转换成导电材料的电阻变化。导电材料的电阻不仅与材料的类型、几何尺寸有关，还与温度、湿度和变形等因素有关，电阻式传感器就是利用导电材料的电阻对非电物理量具有较强的敏感性而制成的。

常见的电阻式传感器有应变式电阻传感器、热敏电阻传感器、气敏电阻传感器、光敏电阻传感器、湿敏电阻传感器等。

2. 气敏电阻传感器

气敏传感器常用于化工生产中气体成分的检测与控制、煤矿瓦斯浓度检测与报警、环境污染监测、煤气泄漏、火灾报警、燃烧检测与控制等。气敏电阻传感器是将检测到的气体成分和浓度转换为电信号。

（1）分类

气敏传感器主要有半导体气敏传感器、接触燃烧式气敏传感器和电化学气敏传感器等，其中最常用的是半导体气敏传感器。气敏传感器主要用于检测一氧化碳气体、瓦斯气体、煤气、氟利昂（R11、R12）、呼气中乙醇、人体口腔口臭等。

MQ 系列气敏传感器是目前应用比较广泛的气敏传感器，主要用于可燃性气体和可燃性液体蒸气（天然气、液化石油气、煤气、一氧化碳、烷烃、烯烃、醇类、汽油、煤气）的检测、检漏。各种气敏传感器如图 1-6 所示。

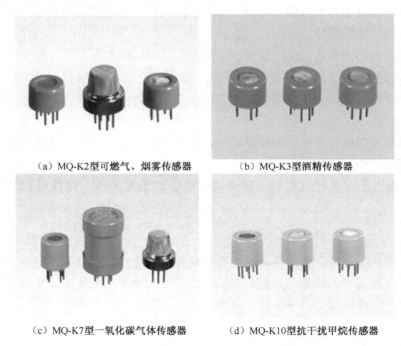

（a）MQ-K2型可燃气、烟雾传感器　　　　（b）MQ-K3型酒精传感器

（c）MQ-K7型一氧化碳气体传感器　　　　（d）MQ-K10型抗干扰甲烷传感器

图 1-6　各种气敏传感器

（2）结构与原理

MQ 型气敏半导体器件是由塑料底座、电极引线、不锈钢网罩、气敏烧结体以及包裹在烧结体中的两组铂丝组成。一组铂丝为工作电极，另一组为加热电极兼工作电极。

气敏电阻工作时必须加热到 200～300℃，其目的是加速被测气体的化学吸附和电离的过程并烧去气敏电阻表面的污物（起清洁作用）。

（3）灵敏度

气敏电阻在被测气体浓度较低时有较大的电阻变化，而当被测气体浓度较大时，其电阻率的变化逐渐趋缓，有较大的非线性，其灵敏度如图 1-8 所示。这种特性较适用于气体的微量检漏、浓度检测或超限报警，被广泛用于煤炭、石油、化工、家居等各种领域。

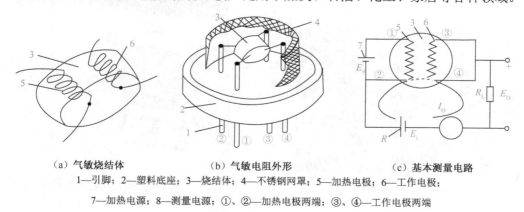

（a）气敏烧结体　　　　（b）气敏电阻外形　　　　（c）基本测量电路

1—引脚；2—塑料底座；3—烧结体；4—不锈钢网罩；5—加热电极；6—工作电极；

7—加热电源；8—测量电源；①、②—加热电极两端；③、④—工作电极两端

图 1-7　MQ 型气敏电阻结构及测量电路

3. 应用实例

（1）一氧化碳传感器

一氧化碳传感器如图 1-9 所示。它能将空气中的一氧化碳浓度转换成电信号输出。一氧化碳传感器广泛应用在矿山、汽车和家庭等空气质量安全检测的地方。

（2）甲烷传感器

甲烷传感器如图 1-10 所示。在煤矿安全检测中，它用于煤矿井巷、采掘面、采空区、回风巷道、机电硐室等处监测甲烷浓度，当甲烷浓度超限时，能自动发出声、光报警，可随身携带，也可固定使用。

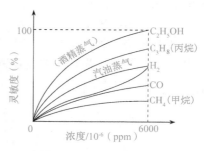

图 1-8　气敏传感器灵敏度

图 1-9　一氧化碳传感器

图 1-10　甲烷传感器

（3）有毒气体报警仪

检测有毒气体如图 1-11 所示。有毒气体报警仪如图 1-12 所示。它可以实时检测石油、化工、制药领域里有毒气体的浓度，以确保人员安全！伊拉克战争中美国士兵就配备了有毒气体报警仪。

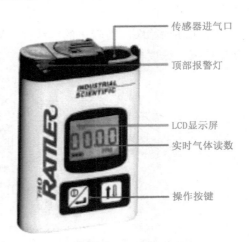

传感器进气口

顶部报警灯

LCD显示屏
实时气体读数

操作按键

图 1-11　检测有毒气体　　　　　　　　图 1-12　有毒气体报警仪

（4）酒精检测仪

酒精检测仪可根据饮酒信息实时测试司机血液酒精浓度，且不受烟味、可乐、咖啡等非酒精类气体的干扰，便捷显示"醉酒驾驶"、"饮酒驾驶"和"安全驾驶"状态。酒精检测仪如图 1-13 所示。

（5）煤气报警器

煤气报警器如图 1-14 所示。当被测场所有煤气泄漏时，煤气报警器将气体信号转换成电压或电流信号。当煤气浓度超过报警设定值时发出声、光报警。

图 1-13　酒精检测仪　　　　　　　　图 1-14　煤气报警器

（6）氧气浓度传感器

使用传感器检测尾气的示意图如图 1-15 所示，氧气浓度传感器如图 1-16 所示。在使用三元催化转换器发动机上，氧气浓度传感器是必不可少的元件。由于混合气的空燃比一旦偏离理论值，三元催化剂对 CO、HC 和 NOx 的净化能力急剧下降。氧气浓度传感器安装在排气管中，用来检测排气中氧的浓度，并向 ECU 发出反馈信号，再由 ECU 控制喷油器的喷油量，从而将空燃比控制在理论值附近。

图 1-15   使用传感器检测尾气

图 1-16   氧气浓度传感器

任务 3   项 目 实 施

1.3.1   框图

酒精检测仪框图如图 1-17 所示。酒精检测仪由酒精气体传感器、信号处理电路、执行机构和 LED 显示器等部分组成。酒精气体传感器使用 MQ-3 还原性气体传感器，分压电路将电阻的变化量转换成电压的变化量。集成芯片 LM3914 作为执行机构来驱动 LED。LED 显示器由 10 个发光二极管构成；酒精浓度越大，点亮的二极管越多。

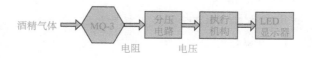

图 1-17   酒精检测仪框图

1.3.2   酒精传感器 MQ-3

1. 酒精传感器 MQ-3

酒精传感器 MQ-3 外形如图 1-18 所示。酒精传感器 MQ-3 所使用的气敏材料是在清洁空气中电导率较低的二氧化锡(SnO_2)。当传感器所处环境中存在酒精蒸气时，传感器的电导率随空气中酒精气体浓度的增加而增大。使用简单的电路即可将电导率的变化转换为与该气体浓度相对应的输出信号。

MQ-3 酒精传感器对酒精的灵敏度高，可以抵抗汽油、烟雾和水蒸气的干扰。这种传感器可检测多种浓度酒精气体，是一款适合多种应用的低成本传感器。

图 1-18　酒精传感器 MQ-3

2. 结构

MQ-3 由微型 Al_2O_3 陶瓷管、SnO_2 敏感层、测量电极和加热器构成。敏感元件固定在塑料制成的腔体内，加热器为气体元件提供了必要的工作条件。

封装好的酒精传感器 MQ-3 有 6 只引脚，如图 1-19 所示。其中 4 个引脚（A-A、B-B）用于信号输出，2 个引脚（f-f）用于提供加热电流。连接电路时，f-f 连接加热电源 5V。

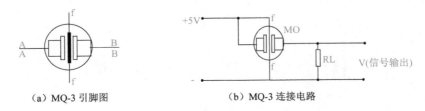

（a）MQ-3 引脚图　　　　　　（b）MQ-3 连接电路

图 1-19　MQ-3 引脚图与连接电路

3. 性能指标

MQ-3 多用于家庭、工厂、商场等场所的气体泄漏监测，其特点是灵敏度高、响应恢复速度快、稳定性好、驱动电路简单等。性能指标如下：

（1）检测气体：酒精（乙醇）

（2）检测范围：10～1000ppm 酒精

（3）特征气体：125ppm 酒精

（4）灵敏度：R in air/R in typical gas≥5

（5）敏感体电阻：1～20kΩ

（6）响应时间：≤10s（70% response）

（7）恢复时间：≤30s（70% response）

（8）加热电阻：31Ω±3Ω

（9）加热电流：≤180mA

（10）加热电压：5.0V±0.2V

（11）加热功率：≤900mW

（12）测量电压：≤24V

（13）工作条件　环境温度：−20～+55℃

（14）湿度：≤95%RH

（15）环境含氧量：21%存储条件

1.3.3　电路原理图

1．电路原理图

　　酒精检测仪电路原理图如图 1-20 所示，电路采用 5V 电源供电。气敏传感器 MQ-3 检测酒精蒸气的浓度，通过电阻分压电路将酒精浓度由电阻量转化为电压量，再通过 LM3914 按照电压大小驱动相应的发光管。

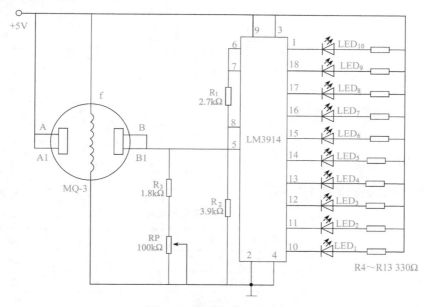

图 1-20　酒精检测仪电路

　　LM3914 是美国 NS 公司研制的点/条显示驱动集成电路，内含输入缓冲器、10 级精密电压比较器、1.25V 基准电压源及点/条显示方式选择电路等。LM3914 引脚图如图 1-21 所示。

　　其中，2 脚为接地端，3 脚为电源端，4 脚为发光管最低亮度设定，5 脚为信号输入端，6 脚为发光管最高亮度设定，7 脚为基准电压输出端，8 脚为基准电压设定，9 脚为模式设定，1 脚和 10～18 脚连接发光二极管负极。

2．工作过程

　　若检测到酒精蒸气，MQ-3 引脚 A-B 间电阻变小，MQ-3 输出电压即 LM3914 的 5 脚电位增大。通过集成驱动器 LM3914 对信号进行比较放大，当 LM3914 输入电压信号高于 5 脚电位时，输出低电平，对应 LED 灯点亮。LM3914 根据第 5 脚电位高低来确定依次点亮 LED 的数量，酒精含量越高则点亮 LED 越多。调试时通过电位器 RP 调节测量的灵敏度。

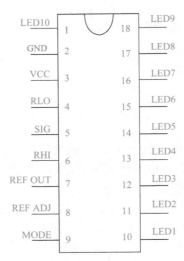

图 1-21　LM3914 引脚图

1.3.4　酒精检测仪制作

1. 设备及元器件

设备及元器件要求如表 1-1 所示。

表 1-1　设备及元器件

序　号	设备及元器件	数　量
1	直流稳压电源	1 台
2	万用表	1 块
3	电烙铁、尖嘴钳、偏口钳等工具	1 套
4	酒精检测仪套件	1 套

2. 元器件识别与检测

（1）根据元器件清单，清点组件；
（2）识别集成电路 LM3914 和气敏传感器 MQ-3 引脚；
（3）识别发光二极管引脚；
（4）使用万用表对电阻器和电位器进行检测，并记录色环电阻的阻值。
酒精检测仪元器件清单如表 1-2 所示。

表 1-2　酒精检测仪元器件清单

元器件名称	元器件符号	型　号	数　量
酒精传感器	Q	MQ-3	1
集成驱动器	IC	LM3914	1
电阻	R_1	2.7kΩ	1

续表

元器件名称	元器件符号	型　号	数　量
电阻	R_2	3.9 kΩ	1
	R_3	1.8 kΩ	1
	$R_4 \sim R_{13}$	330Ω	10
电位器	RP	100 kΩ	1
发光二极管	LED	$\Phi 3$	10
印制电路板			1
集成电路插座		18 脚	1

元器件图如图 1-22 所示。

3. 焊接组装

（1）焊接前准备

① 按照工艺要求对元器件引脚进行整形处理；

② 对照原理图和电路板图，查找元器件在电路板上的位置。电路板图如图 1-23 所示。

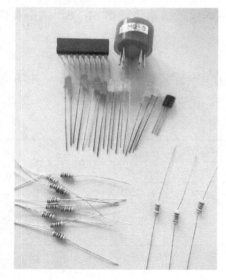

图 1-22　元器件图

图 1-23　电路板图

（2）焊接工艺要求

① 电阻器、电位器卧式贴板焊接。

② 发光二极管立式贴板焊接。

③ 集成电路采用插座贴板焊接。

④ 酒精传感器 MQ-3 通过 3 根 3cm 的导线连接到电路板上。

⑤ 将两根 6cm 长单芯导线，两头剥约 4mm 挂锡，并连接到电路板的电源端。

⑥ 焊点光亮，不能虚焊、连焊、错焊、漏焊、铜箔脱落，同时还要注意用锡要适量。
焊完之后，将引脚剪掉，焊板上保留焊点高度 0.5～1mm。

⑦ 焊接时应注意 LED 极性连接正确。

焊接组装成品如图 1-1 所示。

4．电路调试

（1）调试准备

① 电路焊接完成后，再次检查各元件焊接位置是否正确、有无虚焊和连焊等现象。

② 将集成电路 LM3914 按标志方向插入集成电路插座。

③ 把稳压电源输出电压调整为 5V，将印制电路板上的电源线接至稳压电源正、负端。

④ 再次检查连接是否正确。接通+5V 电源。气体传感器工作电压要达到 5V 以上，否则传感器不工作。

（2）电路调试

① 将蘸有酒精的棉球靠近酒精传感器 MQ-3，电路板上的二极管依次点亮。将棉球远离酒精传感器 MQ-3，二极管依次熄灭。

② 将接入电路中的电位器阻值调小，将同样的棉球接近酒精传感器 MQ-3，二极管依次点亮的速度变慢，远离时亦然。

③ 将接入电路中的电位器阻值调大，将同样的棉球接近酒精传感器 MQ-3，二极管依次点亮的速度变快，远离时亦然。

（3）电路测试

将蘸有酒精的棉球放置到一定位置后，使用万用表测量下列各点电压，并填入表 1-3 中。

表 1-3　测试点电压

电位器阻值	LM3914 各脚电压										
	5	10	11	12	13	14	15	16	17	18	1
10kΩ											
50kΩ											
90kΩ											

（4）故障排除

电路焊接正确时，若不接触酒精气体，LED 灯都不亮，也不出现冒烟等异常现象；将含有一定浓度的酒精气体物品靠近气敏传感器 MQ-3，发光二极管 LED1 灯点亮，随着酒精浓度不断增加，LED 灯依次点亮。

常见故障及排除方法：

① 接触酒精后电路不工作，主要原因可能是集成驱动芯片 LM3914 装反或者 MQ-3 接错。

② 接触酒精后，点亮的发光二极管个数随距离变化不明显，主要原因是电路不够灵敏，应适当调节电位器。

任务4 项目考核

项目考核评价表如表1-4所示。

表1-4 项目考核评价表

班　　级		组　　别			日　　期	
小组成员分工	组　长					得分：
	检测员					得分：
	装接工					得分：
	调试工					得分：
	记录员					得分：
考　核　内　容		为其他组相应项目评分				
1. 元器件检测：对照清单正确清点检测。(20分)						
2. 电路板焊接： (1) 元件布局合理，焊接正确；（30） (2) 焊点圆、滑、亮。(20分)						
3. 功能调试：LED点亮。 (1) 按要求调试，功能正确；（15分） (2) 故障排除。(5分)						
4. 安全文明：安全操作，文明生产。 (1) 完成6S要求，有创新意识；（5分） (2) 遵纪守规，互助协作。(5分)						
教师为本组评分：						

备注：教师根据资料记录和整理情况给记录员打分，记录员负责本组成员打分，本组成员共同商定给其他组打分。

项目测试

1. 选择题

（1）如果把计算机看成处理和识别信息的"大脑"，把通信系统看成传递信息的"神经系统"，那么传感器就是"（　　）器官"。

　　A. 消化　　　　　　　B. 感觉　　　　　　　C. 骨骼　　　　　　　D. 呼吸

（2）酒精传感器MQ-3所使用的气敏材料是（　　）。

　　A. SnO_2　　　　　　　　　　　　B. CO

　　C. CH_4　　　　　　　　　　　　D. Al_2O_3

（3）某温度传感器的测量范围是–70～250℃，则该传感器的量程为（　　）。

    A．70℃　　　　　　B．250℃　　　　　　C．180℃　　　　　　D．320℃

（4）（　　）是指传感器能够检测出被测信号的最小变化量。

    A．灵敏度　　　　　B．分辨率　　　　　C．分辨力　　　　　D．线性度

（5）若检测到酒精蒸气，MQ-3 引脚 A-B 间电阻变（　　），MQ-3 输出电压即 LM3914 的 5 脚电位变（　　）。

    A．大，大　　　　　B．大，小　　　　　C．小，大　　　　　D．小，小

2. 填空题

（1）传感器是将被测（　　　　　）信号转换为（　　　　　）输出的器件或装置。

（2）传感器一般由（　　　　）元件、（　　　　）元件和（　　　　）电路三部分组成。

（3）根据输入物理量，传感器可分为（　　　　）传感器、（　　　　）传感器、（　　　　）传感器、（　　　　）传感器及（　　　　）传感器等。

（4）将分辨力除以仪表的（　　　　）就是仪表的分辨率。

（5）灵敏度越高，分辨力与分辨率越（　　　　），但测量范围往往越（　　　　），稳定性也越（　　　　）。

（6）常见的电阻式传感器有（　　　　）电阻传感器、（　　　　）电阻传感器、（　　　　）电阻传感器、（　　　　）电阻传感器、（　　　　）电阻传感器等。

（7）气敏电阻传感器是将检测到的气体（　　　　）和（　　　　）转换为电信号的传感器。

（8）（　　　　）元件能够直接感知被测量，并按一定规律转换成与被测量有确定关系的其他量。

（9）电阻式传感器能将被测非电量的变化转换成导电材料的（　　　　）变化。

（10）封装好的酒精传感器 MQ-3 有 6 只引脚，其中（　　　　）个引脚用于信号输出，（　　　　）个引脚（H-H）用于提供加热电流。

3. 简答题

（1）什么是传感器？主要由哪几部分构成？

（2）传感器的静态特性参数有哪些？

（3）传感器有哪几种分类方法？

（4）气敏电阻必须使用加热电源的原因是什么？

4. 思考题

酒精检测仪电路中的电位器 RP 的作用是什么？若换成小阻值的电位器对电路有什么影响？

5. 项目拓展

（1）若酒精浓度达到一定阈值时增加声报警，电路该如何设计？
（2）尝试制作采用单片机作为控制单元的酒精检测仪。

项目小结

1．传感器是一种以测量为目的，以一定的精确度将被测的非电信号转换成与之有确定对应关系，便于处理和应用的电信号的测量装置。通常由敏感元件、转换元件和测量转换电路构成。

2．传感器的主要技术参数有灵敏度、线性度、迟滞、稳定性、分辨力及电磁兼容性等。

3．电阻式传感器的基本工作原理是将被测的非电量转换成电阻值的变化量，再经过转换电路变成电量输出。

4．气敏电阻传感器可以把某种气体的成分、浓度等参数转换成电阻变化量，再经测量转换电路转换成电流、电压信号。

5．MQ 系列气敏传感器应用较广泛，主要用于可燃性气体和可燃性液体蒸气的检测、检漏。

项目2

敲击式电子门铃制作

知识目标

1. 认识压电传感器;
2. 知道压电传感器的原理和特性;
3. 掌握压电传感器的基本工作原理;
4. 了解压电传感器的应用。

技能目标

1. 会选择压电传感器;
2. 会检测并使用压电传感器;
3. 能熟练焊接组装敲击式电子门铃电路。

任务 1 项目任务书

2.1.1 项目描述

在日常生活中，人们可以通过门铃提示音知道有客人来访，因此门铃给人们的日常生活带来了便利。成为居家常用电子设备之一。

敲击式门铃是一种新型电子门铃，当有客人来访时，不需要按钮，只要用手轻轻敲击房门，室内的电子门铃就会发出"叮咚"声。敲击式门铃样机如图 2-1 所示。

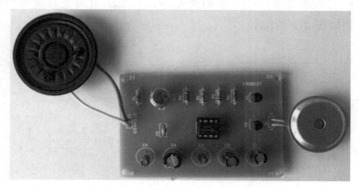

图 2-1 敲击式门铃样机

2.1.2 项目任务

根据给定的元器件、印刷电路板和电路图，按照电子产品制作工艺，通过焊接、组装和调试，制作一个敲击式门铃。

任务 2 信 息 收 集

2.2.1 压电式传感器

1. 压电效应

压电式传感器是一种自发电式传感器。它以某些电介质的压电效应为基础，在外力作用下，在电介质表面产生电荷，从而实现非电量转换为电量的目的。

压电传感元件是力敏感元件，它可以测量能变换为力的非电物理量，例如动态力、动态压力、振动加速度等，但不能用于静态参数的测量。

压电式传感器具有体积小、质量轻、频响高、信噪比大等特点。由于它没有运动部件，因此结构坚固、可靠性、稳定性高。

某些电介质，当沿着一定方向对其施力而使它变形时，其内部就产生极化现象，同时在它的两个表面上便产生符号相反的电荷，当外力去掉后，恢复到不带电状态，这种现象称压电效应。当作用力的方向改变时，电荷极性也随之改变。压电效应是把机械能转化为电能的过程。压电式传感器就是利用压电材料的压电效应工作的。

反之，在电介质的极化方向上施加交变电压，它会产生机械振动，这种现象称为逆压电效应，音乐贺卡就是利用逆压电效应做成的，即利用集成电路的输出脉冲电压，来激励压电片产生振动而发声。

具有压电效应的物质很多，如天然石英晶体，人工压电陶瓷等压电材料受力后，表面产生电荷的示意图如图 2-2 所示。

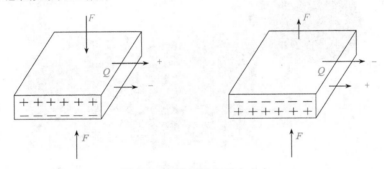

图 2-2　电荷极性和受力方向

压电材料受力后，其表面产生的电荷 Q（单位为 C，库仑）与所施加的外力 F 成正比，则

$$Q = dF \tag{2-1}$$

式中，d 为压电材料的压电灵敏度；F 为外力。

2．压电材料

压电材料（Piezoelectric Material）是受到压力时会在两端面间出现电压的晶体材料，即具有压电效应的电介物质。天然石英晶体、人工压电陶瓷、钛酸钡、锆钛酸铅等材料就是性能优良的压电材料。

压电传感器中的压电材料有三种，即压电晶体（石英晶体）、压电陶瓷和高分子压电材料。具体特性如表 2-1 所示。

（1）压电晶体

具有压电效应的晶体统称为压电晶体。石英晶体是最典型、最常用的压电晶体，常见石英晶体外形如图 2-3 所示。

石英晶体主要特点：

① 压电系数小，但其时间和温度稳定性极好，常温下几乎不变，在 20～200℃范围内

其温度变化率仅为−0.16%/℃；

表 2-1 压电材料特性

材料	化学成分	灵敏度 $d/10^{-12}C \cdot N^{-1}$	使用温度/℃	灵敏度温度系数/℃	用 途
石英晶体	SiO_2	2.31	200	0.0001	标准高精度传感器
压电陶瓷	PZT	200～500	500	0.001	工业用或高灵敏度传感器
高分子压电材料	PVDF	100～1000	100	较差	廉价振动传感器、水声传感器、5GHz 以上超声传感器

（a）天然石英晶体外形

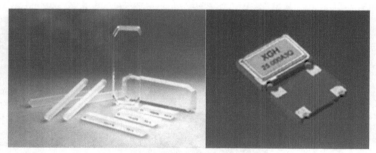

（b）石英晶体薄片及双面镀银封装

图 2-3 常见石英晶体外形

② 机械强度和品质因素高，最大安全应力高达 95～100MPa，且刚度大，固有频率高，动态特性好；

③ 居里点 573℃；

④ 无热释电性，且绝缘性、重复性较好。

其中，天然石英的上述性能尤佳，因此，它们常用于精度、稳定性要求较高的场合和制作标准传感器。

（2）压电陶瓷

压电陶瓷是人工制造的多晶压电材料，它比石英晶体的压电灵敏度高得多，而制造成本却较低，因此目前国内外生产的压电元件绝大多数都采用压电陶瓷。常用压电陶瓷材料有锆钛酸铅系列压电陶瓷（PZT）及非铅系压电陶瓷（如 $BaTiO_3$ 等）。

压电陶瓷的特点有压电系数大，灵敏度高；制造工艺成熟，可通过合理配方和掺杂等人工控制来达到所要求的性能；成形工艺性好，成本低廉，有利于广泛应用。常见的压电陶瓷外形如图 2-4 所示。

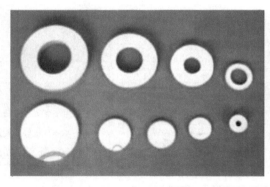

图 2-4　常见压电陶瓷外形

（3）高分子压电材料

典型的高分子压电材料有聚偏二氟乙烯（PVF_2 或 PVDF）、聚氟乙烯（PVF）、改性聚氯乙烯（PVC）等。它是一种柔软的压电材料，可根据需要制成薄膜或电缆套管等形状。它不易破碎，具有防水性，可以大量连续拉制，制成较大面积或较长的尺度，价格便宜，频率响应范围较宽，测量动态范围可达 80dB。常见的高分子压电材料外形如图 2-5 所示。

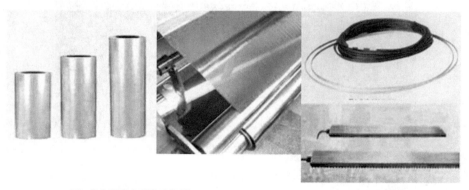

（a）高分子压电薄膜及拉制　　　　　　　（b）高分子压电薄膜和电缆

图 2-5　常见高分子材料外形

3. 压电材料的应用

利用压电材料的各种物理效应就可做成压电传感器。压电传感器类型如表 2-2 所示。

表 2-2　压电传感器类型

传感器类型	转换方式	压电材料	用　途
力敏	力→电	石英晶体、罗思盐、ZnO、$BaTiO_3$、PZT、PMS、电致伸缩材料	微拾音器、声呐、应变仪、气体点火器、血压仪、压电陀螺、压力和速度传感器
声敏	声→电 声→压	石英晶体、压电陶瓷	振动器、微音器、超声波探测器、助听器
	声→光	$PbMoO_4$、$PbYiO_3$、$LiNbO_3$	声光效应器件

2.2.2　压电式传感器测量电路

1. 压电元件的等效电路

将压电晶片产生电荷的两个晶面封装上金属电极后，就构成了压电元件。当压电元件受力时，就会在两个电极上产生电荷，因此，压电元件相当于一个电荷源，两个电极之间是绝缘的压电介质，因此它又相当于一个以压电材料为介质的电容器。

如图 2-6 所示，压电元件等效为一个与电容相并联的电荷源，也可以等效为一个与电容相串联的电压源。

压电式传感器不能用于静态测量。压电元件只有在交变力的作用下，电荷才能源源不断地产生，从而为测量回路供给电流，故只适用于动态测量。

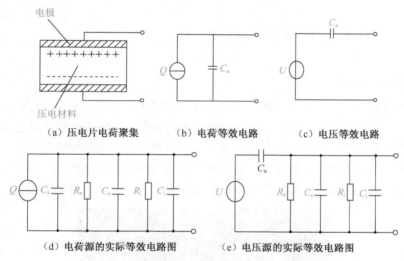

（a）压电片电荷聚集　　　（b）电荷等效电路　　　（c）电压等效电路

（d）电荷源的实际等效电路图　　　（e）电压源的实际等效电路图

图 2-6　压电元件等效电路

2. 压电元件的测量电路

压电式传感器的内阻很高，要求与输入阻抗高的前置放大电路配合，再连接放大、检波、显示和记录电路。为了减少测量误差，应采取措施防止电荷泄漏。

压电式传感器的前置放大器的作用有两个，一是把传感器的高阻抗输出变为低阻抗输出；二是把传感器的微弱信号进行放大。

（1）电荷放大器

电荷放大器是一种输出电压与输入电荷量 Q 成正比的电荷/电压转换器，它与压电传感器配套使用，可测量振动、冲击、压力等机械量。

并联输出型压电元件可以等效为电荷源。电荷放大器实际上是一个具有反馈电容 C_f 的高增益运算放大器电路。电荷放大器原理图如图 2-7 所示。

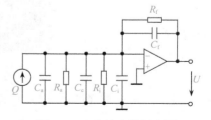

图 2-7　电荷放大器原理图

电荷放大器的输出电压仅与输入电荷和反馈电容有关，电缆长度等因素的影响很小。输出电压 U_o 和电荷 Q 的关系如式（2-2）所示。

$$U_o = \left| \frac{Q}{C_f} \right| \tag{2-2}$$

电荷放大器能将压电传感器输出的电荷转换为电压（Q/U 转换器），但无电荷放大的作用，只是一种习惯叫法。

（2）电压放大器

串联输出型压电元件可以等效为电压源，但由于压电效应引起的电容量很小，因而其电压源等效内阻很大，在接成电压输出型测量电路时，要求前置放大器不仅有足够的放大倍数，而且应具有很高的输入阻抗。电压放大器原理图如图 2-8 所示。

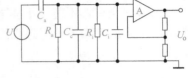

图 2-8　电压放大器原理图

2.2.3　压电式传感器的应用

1. 玻璃破碎报警装置

玻璃破碎报警装置是一种广泛用于银行、金店、消防栓等重要场所的报警器。消防栓上的玻璃破碎报警装置如图 2-9 所示。玻璃破碎报警装置利用压电式传感器对振动敏感的特性感知玻璃受撞击和破碎时产生的振动波。当有人重击玻璃时，玻璃破碎发出几千赫兹至几十千赫兹的振动，粘贴在玻璃上的高分子压电薄膜传感器感受到这一振动，传感器把振动转换成电压输出，经放大、滤波、比较等处理后输出报警信号，驱动报警执行机构工作。

图 2-9　玻璃破碎报警装置

2. 压电式加速度传感器

压电式加速度传感器又称压电加速度计，是基于压电晶体的压电效应工作的。具体地说，它是利用某些物质如石英晶体的压电效应，在加速度计受到振动时，质量块加在压电元件上的力也随之变化。当被测振动频率远低于加速度计的固有频率时，则力的变化与被测加速度成正比。

常用压电式加速度传感器结构如图 2-10 所示，图中，S 是弹簧、M 是质量块、B 是基座、P 是压电元件、R 是夹持环。图 2-10（a）是中央安装压缩型，压电元件、质量块、弹簧系统装在圆形中心支柱上，支柱与基座连接。这种结构有较高的共振频率。然而基座 B 与测试对象连接时，如果基座 B 有变形则将直接影响拾振器输出。此外，测试对象和环境温度变化将影响压电元件，并使预紧力发生变化，易引起温度漂移。图 2-10（b）为环形剪切型，结构简单，可制成微小型、高共振频率的加速度计，环形质量块粘到装在中心支柱上的环形压电元件上。由于黏结剂会随温度增高而变软，因此最高工作温度受到限制。图 2-10（c）为三角剪切形，夹持环将压电元件固定在三角形中心柱上。加速度计感受轴向振动时，压电元件承受切应力。这种结构对底座变形和温度变化有极好的隔离作用，有较高的共振频率和良好的线性。

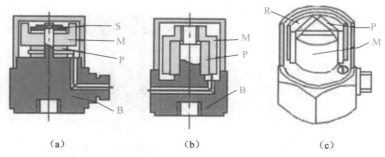

（a）　　　　　　（b）　　　　　　（c）

图 2-10　压电式加速度传感器结构图

压电式加速度传感器的应用非常广泛，如手提电脑就内置了压电式加速度传感器，它能检测笔记本在使用中的振动，根据振动数据，系统会智能地选择关闭硬盘还是继续运行，可以最大程度地保护数据。数码相机和摄像机里也安装了压电式加速度传感器，用来检测拍摄时手部振动，并根据振动自动调节相机的聚焦。压电加速度传感器还应用于汽车安全气囊、防抱死系统、牵引控制系统等安全性能方面。

3. 压电式声表面波传感器

压电式声表面波传感器是基于压电材料的逆压电效应工作的。外加交变电场通过逆压电效应的耦合作用，在压电体中激发起各种形式的弹性波。当外加电场的频率与弹性波在压电体中传播时的机械谐振频率一致时，压电体便进入机械振动状态，成为压电振子。压电式声表面波传感器具体的应用有带通滤波器、振荡器、相关器和延迟线等。压电式声表面波传感器结构如图 2-11 所示。

4. 压电式超声波传感器

压电式超声波传感器是利用压电材料来发射或接收超声波信号的传感器，常称为超声波探头，外形如图 2-12 所示。压电式超声波发送器实际上是利用压电晶体的逆压电效应制成的。它主要是由两个压电晶片和一个锥形振子构成，当它的两极外加电压脉冲信号，压电元件发生变形引起空气振动，当脉冲信号频率等于压电晶片固有振荡频率时，压电晶片发生共振，并带动锥形振子振动，产生超声波，超声波以疏密波形式传播，传送给超声波接收器。

图 2-11 压电式声表面波传感器结构图

图 2-12 超声波探头

超声波接收器是利用压电效应制成，如果压电晶片两电极间未外加电压，当锥形振子接收到超声波时，促使接收器的振子随着相应频率进行振动，将机械能转换为电信号，产生与超声波频率相同的高频电压。这种电压非常小，必须采用放大器进行放大。

压电式超声波传感器常应用于超声波探伤、超声波流量计和岩土工程、混凝土工程等的动态测试技术中。

任务3 项目实施

2.3.1 框图

敲击式门铃框图如图 2-13 所示。敲击式门铃由传感器电路、延时电路、低频放大电路和声音输出电路组成。传感器电路采用了带助声腔的压电陶瓷片，压电陶瓷片将机械能转化为电能，产生感应电压，从而使扬声器发声。

图 2-13　敲击式门铃框图

2.3.2　压电陶瓷片

1. 压电陶瓷片

压电陶瓷片，俗称蜂鸣片，是一种结构简单、轻巧的电子发音元件。在两片铜制圆形电极中间放入压电陶瓷介质材料，当在两片电极上接通交流音频信号时，压电片会根据信号频率发生震动而产生相应的声音。如图 2-14 所示为压电陶瓷片。

压电陶瓷片因具有灵敏度高、无磁场散播外溢、不用铜线和磁铁、成本低、耗电少、修理方便、便于大量生产等优点而获得了广泛应用。压电陶瓷片适用于如玩具、发音电子表、电子仪器、定时器等电子电器，以及用于超声波和次声波的发射和接收，大面积的压电陶瓷片还可以用于检测压力和振动等。

制作压电传感器时，将一根导线焊接到铜片上，另一根导线焊接到压电陶瓷片上，如图 2-15 所示。

图 2-14　压电陶瓷片

图 2-15　制作完成的压电陶瓷片

2. 压电传感器的测试

第一种方法：将万用表的量程开关拨到直流电压 2.5V 挡，左手拇指与食指轻轻捏住压电陶瓷片的两面，右手持万用表的表笔，红表笔接金属片，黑表笔横放在陶瓷表面上，然后左手稍用力压一下，随后再松一下，这样在压电陶瓷片上产生两个极性相反的电压信号，使万用表的指针先向右摆，接着回零，随后向左摆一下，摆幅为 0.1～0.15V，摆幅越大，说明灵敏度越高。若万用表指针静止不动，说明内部漏电或破损。

切记不可用湿手捏压电陶瓷片；测试时万用表不可用交流电压挡，否则观察不到指针摆动，且测试之前最好用 R×10k 挡测其绝缘电阻，阻值应为无穷大。

第二种方法：用 R×10k 挡测两极电阻，正常时应为无穷大，然后轻轻敲击陶瓷片，指针应略微摆动。

2.3.3 电路原理图

敲击式门铃电路原理图如图 2-16 所示。

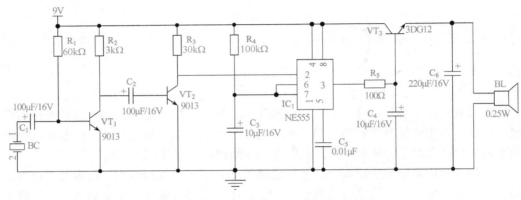

图 2-16 电路原理图

1. 电路组成及作用

（1）传感器电路

传感器电路由压电陶瓷片 BC 和 100μF 电解电容组成。压电陶瓷片产生感应电压，机械能转换成电能。

（2）低频放大电路

低频放大电路由电阻（60kΩ、3kΩ、30kΩ）、三极管（VT_1、VT_2）组成阻容耦合。经 C_1 耦合加至 VT_1 的基极，VT_1 放大后从集电极输出，经电容 C_2 加至晶体管 VT_2 的基极，使 VT_2 导通。

（3）延时电路

延时电路由 NE555 定时器、电阻（100kΩ、100Ω）、电容（10μF）、三极管 VT_3 组成。当 VT_2 导通时，时基集成电路 IC_1 的 2 脚变成低电平，IC_1 内部的单稳态触发器翻转进入暂态，其 3 脚输出高电平，而电阻器 R_4 和电容器 C_3 的数值决定响铃的时间。

（4）声音输出电路

由蜂鸣器、门铃音乐芯片和电容组成。定时器的 3 脚输出高电平，使晶体管 VT_3 饱和导通，其发射极有电压输出，使蜂鸣器 BL 通电工作，发出响亮的声音。

2. 工作过程

平时无人敲击门时，VT_1 无放大信号输出，声音输出电路不工作。

当有人敲击门时，压电陶瓷片产生感应电压，经 C_1 耦合至晶体管 VT_1 的基极，经 VT_1 放大后从集电极输出，经电容器 C_2 加至晶体管 VT_2 的基极，使 VT_2 导通，时基集成电路的 2 脚变为低电平，内部的单稳态触发器翻转进入暂稳态，3 脚输出高电平，使晶体管 VT_3 饱和导通，发射极有电压输出，蜂鸣器 BL 通电工作，发出响亮的声音。

2.3.4 敲击式门铃制作

1. 设备及元器件

设备及元器件要求如表 2-3 所示。

表 2-3 设备及元器件

序　号	设备及元器件	数　量
1	直流稳压电源	1 台
2	万用表	1 块
3	电烙铁、尖嘴钳、偏口钳等工具	1 套
4	敲击式门铃套件	1 套

2. 元器件识别与检测

（1）根据元器件清单，清点组件；
（2）识别色环电阻、记录阻值，并使用万用表对电阻进行检测；
（3）使用万用表对电容器、三极管进行检测；
（4）识别集成电路 NE555；
（5）识别并检测压电陶瓷片和扬声器。
敲击式门铃元器件清单如表 2-4 所示。

表 2-4 敲击式门铃元器件清单

元器件名称	元器件符号	型　号	数　量
电阻	R_1	60kΩ	1
	R_2	3kΩ	1
	R_3	30kΩ	1
	R_4	100kΩ	1
	R_5	100Ω	1
电容	C_1、C_2	100μF	2
	C_3、C_4	10μF	2
	C_5	220μF	1
三极管	VT_1、VT_2	9013	2
	VT_3	3DG12	1
集成电路	IC_1	NE555	1
压电陶瓷片	BC	带助声腔的压电陶瓷片	1
扬声器	BL	0.25W、8Ω	1
印刷电路板			1
集成电路插座		8 脚	1

3. 焊接组装

（1）焊接前准备

① 按照工艺要求对元器件引脚进行整形处理；

② 对照原理图和印制电路板图，查找元器件在印制电路板上的位置。印制电路板图如图 2-17 所示。

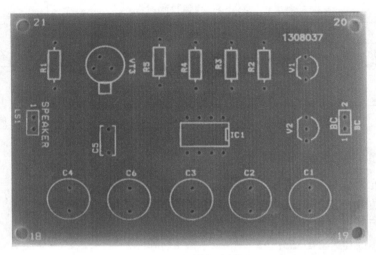

图 2-17   印制电路板图

（2）焊接工艺要求

① 电阻器卧式贴板焊接；

② 电容器和三极管立式贴板焊接；

③ 集成电路采用插座贴板焊接；

④ 压电陶瓷片的连接导线焊接牢固；

⑤ 焊接时应注意扬声器极性连接正确；

⑥ 将两根 6cm 长单芯导线，两头剥约 4mm 挂锡；

⑦ 焊点光亮，不能虚焊、连焊、错焊、漏焊、铜箔脱落，同时还要注意用锡要适量。焊完之后，将引脚剪掉，焊板上保留焊点高度 0.5～1mm。

焊接组装成品如图 2-1 所示。

4. 电路调试

（1）调试准备

① 电路焊接完成后，再次检查各元件焊接位置是否正确、有无虚焊和连焊等。

② 将集成电路 NE555 按标志方向插入集成电路插座。

③ 将两根 6cm 导线一端焊接到印制电路板电源正、负端。

④ 把稳压电源输出电压调整为 9V，将印制电路板上的电源线接至稳压电源正、负端。

⑤ 再次检查连接是否正确。

（2）电路调试

① 接通+9V 电源；

② 敲击压电陶瓷片周围，扬声器发声，电路工作正常；

③ 若敲击压电陶瓷片周围，扬声器不发声，请检查电路，排除故障。

（3）故障排除

可能故障及排除方法如下：

① 接通电源后，没有敲击时门铃就发出声音；可能原因是压电陶瓷片没有固定好，外界的干扰被认为是敲击声而进入电路。

② 电路接通电源后，敲击压电陶瓷片，门铃不发出响声；电路不工作的原因可能是时基集成电路 NE555，或是压电陶瓷片没能焊接牢固。

任务 4　项目考核

项目考核评价表如表 2-5 所示。

表 2-5　项目考核评价表

班　级		组　别			日　期		
小组成员分工	组　长					得分：	
	检测员					得分：	
	装接工					得分：	
	调试工					得分：	
	记录员					得分：	
考　核　内　容		为其他组相应项目评分					
1．元器件检测：对照清单正确清点检测。（20 分）							
2．电路板焊接： （1）元件布局合理，焊接正确；（30 分） （2）焊点圆、滑、亮。（20 分）							
3．功能调试：蜂鸣器发声。 （1）按要求调试，功能正确；（15 分） （2）故障排除。（5 分）							
4．安全文明：安全操作，文明生产。 （1）完成 6S 要求，有创新意识；（5 分） （2）遵纪守规，互助协作。（5 分）							
教师为本组评分：							

备注：教师根据资料记录和整理情况给记录员打分，记录员负责本组成员打分，本组成员共同商定给其他组打分。

项目测试

1．选择题

（1）压电式传感器是一种（　　　）器件。

A．气敏 　　　　　　B．湿敏 　　　　　　C．压敏 　　　　　　D．光敏

（2）下列不能产生压电效应的为（　　　）。

A．石英晶体 　　　　　　　　　　B．金属应变片

C．压电陶瓷 　　　　　　　　　　D．高分子压电材料

（3）将超声波（机械振动波）转换成电信号是利用压电材料的（　　　）。

A．应变效应 　　　　B．电涡流效应 　　　　C．压电效应 　　　　D．逆压电效应

（4）蜂鸣器中发出"嘀……嘀……"声的压电片发声原理是利用压电材料的（　　　）。

A．应变效应 　　　　B．电涡流效应 　　　　C．压电效应 　　　　D．逆压电效应

（5）使用压电陶瓷制作的力或压力传感器可测量（　　　）。

A．人的体重 　　　　　　　　　　B．车刀在切削时感觉到的切削力的变化量

C．车刀的压紧力 　　　　　　　　D．自来水管中的水的压力

2．填空题

（1）压电式传感器是一种典型的（　　　　　）传感器。

（2）具有压电效应的（　　　　　）称为压电材料。在自然界中，大多数（　　　　　）都具有压电效应。

（3）压电材料可以分为三大类：压电晶体，压电陶瓷和（　　　　　）。

（4）压电半导体材料的显著特点是既具压电特性，又具有（　　　　　）。

（5）高分子聚合物可用于制造（　　　　　）传感器乃至人工皮肤。

（6）石英晶体：俗称水晶，化学成分为（　　　　　），有天然和人工之分。

（7）沿石英晶体 x 轴施加力，而在垂直于 x 轴晶面上产生电荷的现象，称为（　　　　　）。沿 y 轴施加力，而在垂直于 x 轴的晶面上产生电荷的现象，称为（　　　　　）。

（8）当石英晶体在沿（　　　　　）方向施加力时，石英晶体不产生压电效应。

（9）压电陶瓷是人造（　　　　　）系压电材料。

（10）压电陶瓷材料必须进行（　　　　　），才具有压电效应。极化处理方法是在陶瓷上（　　　　　）。

（11）压电陶瓷除具有压电效应外，还具有明显的（　　　　　）。

（12）为了保证压电传感器的测量误差小到一定程度，则要求负载电阻 R_L 要大到一定数值，才能使晶体片上的（　　　　　）相应变小，因此在压电传感器输出端要接入一个（　　　　　）很高的前置放大器。

（13）压电传感器不宜作（　　　　　），只宜作（　　　　　）。

（14）压电式三向力传感器压电组件为三组双晶片石英叠成（　　　　　）。

（15）超声波发生器的振子利用的是压电材料的（　　　　　）。

3．简答题

（1）在制作和使用压电传感器时，为什么要使压电晶片有一定的预应力？
（2）在三维直角坐标系中石英晶体三个轴的特性有何不同？
（3）什么是压电效应？　压电效应是否可逆？
（4）常用的压电材料有哪些？各有什么特点？

4．思考题

你能举出生活中应用压电传感器的实例吗？

知识拓展

逆压电效应的应用——声光圣诞灯制作

每年圣诞节的许多场所都会摆放各式各样的圣诞树，这不仅给人们营造了浓郁的节日气氛，还给人们带来了一份祝福。本项目制作的声光圣诞灯能够发出红、绿、黄等颜色的闪烁光，而且能演奏悦耳动听的圣诞歌曲，必将给圣诞之夜增加一份快乐。

1．工作原理

声光圣诞树的电路如图 2-18 所示。音乐集成电路 A 和压电陶瓷片 B 组成了音乐演奏电路。由于 A 的触发端 TG 直接与 V_{DD} 相接，所以只要接通电源，B 就会反复演奏出音乐芯片内部所储存的乐曲。三极管 $VT_1 \sim VT_3$ 以及外围电阻器 R_1、R_3、R_5 和电容器 $C_1 \sim C_3$ 等组成了三极管无稳态自激多谐振荡器。其中，发光二极管 $VD_1 \sim VD_5$、$VD_6 \sim VD_{10}$、$VD_{11} \sim VD_{15}$ 通过对应的限流电阻器 R_2、R_4 和 R_6 接入 $VT_1 \sim VT_3$ 的集电极回路，分别作为 $VT_1 \sim VT_3$ 的负载，使它们随着电路的振荡发出红色、绿色、黄色等三路循环闪光。

三极管无稳态自激多谐振荡器的工作过程是，闭合电源开关 SA，$VT_1 \sim VT_3$ 争先导通。由于 $VT_1 \sim VT_3$ 的参数不可能完全一致，所以必然有一个三极管截止，另两个饱和导通。假定 VT_3 首先导通并饱和，则它的集电极电压接近零电压。由于电容器 C_3 两端的电压不能突变，所以 VT_1 的基极接近零电压，使 VT_1 截止，它的集电极电压接近电源电压，通过电容器 C_1 的耦合使 VT_2 的基极为高电压，VT_2 饱和导通。上述过程很快就会完成，此时 VT_1 截止，VT_2 和 VT_3 饱和导通，则 $VD_1 \sim VD_5$ 熄灭、而 $VD_6 \sim VD_{10}$ 和 $VD_{11} \sim VD_{15}$ 发光。

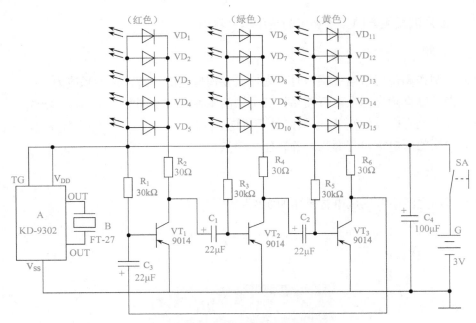

图 2-18　声光圣诞树电路图

随着时间的延续，电源电压通过电阻器 R_1 对电容器 C_3 进行反向充电，使 VT_1 的基极电压升高，当达到其阈值电压时，VT_1 开始导通，并由截止状态变为饱和导通状态。由于 VT_1 饱和导通，它的集电极电压下降，通过电容器 C_1 的耦合，VT_2 的基极电压也下降，VT_2 由饱和变为截止。此时 VT_1 和 VT_3 饱和导通，而 VT_2 截止，则 $VD_6\sim VD_{10}$ 熄灭、而 $VD_1\sim VD_5$ 和 $VD_{11}\sim VD_{15}$ 发光。

紧接着电源又开始了对电容器 C_1 反向充电（通过电阻器 R_3 和饱和导通的 VT_1 进行），使 VT_2 的基极电压升高，VT_2 开始导通，并由截止状态变为饱和导通状态，如此循环下去。在每一时刻，电路中总有一个三极管截止，而另两个三极管饱和；与截止状态三极管相对应的一路五个发光二极管熄灭，而另外两路共十个发光二极管点亮。如果巧妙安排发光二极管在圣诞树上的位置，就能产生良好的视觉效果。

自激多谐振荡器的振荡周期决定了 $VD_1\sim VD_5$、$VD_6\sim VD_{10}$ 和 $VD_{11}\sim VD_{15}$ 三路发光二极管闪烁的速度。电阻器 R_1、R_3、R_5 和电容器 $C_1\sim C_3$ 决定了振荡周期的大小。当发光二极管闪烁速度太快（或太慢），可适当增大（或减小）电阻器 R_1、R_3、R_5 或电容器 $C_1\sim C_3$；R_2、R_4 和 R_6 分别为对应各路发光二极管的限流电阻器，其阻值大小决定对应五个发光二极管的发光亮度。当 $VD_1\sim VD_5$ 或 $VD_6\sim VD_{10}$、$VD_{11}\sim VD_{15}$ 的发光亮度太暗（或太亮），可适当减小（或增大）对应限流电阻器 R_2 或 R_4、R_6 的阻值来调整。C_4 为退耦电容器，它能有效地消除因电池内电阻增大而产生的压电陶瓷片 B 发声畸变等现象，相对延长电池的使用寿命。

2. 焊接

根据电路原理图，在多功能板上完成焊接。需要注意的是，发光二极管 $VD_1\sim VD_{15}$ 需用四根软导线引出，软导线外皮颜色应尽可能与树干颜色一致。

3．装配

除了 $VD_1 \sim VD_{15}$ 以外，将焊接完的多功能板连同电池 G 等装入体积合适的绝缘盒内，盒子顶部安装小挂钩，盒子面板适当位置处开出压电陶瓷片 B 释音孔，开孔固定电源开关 SA，并引出 $VD_1 \sim VD_{15}$。声光圣诞树用市场销售塑料仿真小松树。将制成的绝缘盒挂到树干上，注意将绝缘盒隐藏在树叶中，再将三路红、绿、黄色发光二极管错落串挂在小松树上。

闭合电源开关 SA，圣诞树便会发出欢快悦耳的圣诞歌，同时红、绿、黄等发光二极管闪亮，如图 2-19 所示，宛若夜空闪烁的星光，此起彼伏，璀璨夺目，为节日增添色彩。

图 2-19　圣诞树

备注：声光圣诞树工作时电路消耗电能较少，总电流仅有几十毫安，但当闪烁光变暗时，应更换新干电池。

项目小结

1．压电效应是指某些电介质，当沿着一定方向对其施力而使它变形时，其内部就产生极化现象，同时在它的两个表面上便产生符号相反的电荷，当外力去掉后，其又重新恢复到不带电状态。

2．压电材料包括压电晶体（石英晶体）、压电陶瓷和高分子压电材料。

3．压电传感元件是力敏感元件，它只能测量动态力而不能用于静态参数的测量。

霍尔转数计数器制作

知识目标

1. 掌握霍尔传感器的原理和特性；
2. 了解 44E 型霍尔开关的应用。

技能目标

1. 会选择使用霍尔集成电路；
2. 能够熟练焊接组装霍尔转数计数器电路。

任务 1　项目任务书

3.1.1　项目描述

在现代工农业生产和工程实践中，经常会遇到需要测量和显示转数的情况，以进行如发动机、电动机、机床主轴等旋转设备的转动控制。通常使用光电编码器、圆光栅、霍尔元件等传感单元获得脉冲信号。

使用霍尔和磁敏电阻等传感器可以检测磁信号。霍尔传感器由于价格便宜，使用方便，得到了广泛的应用。

本项目采用霍尔开关制作测量旋转物体转动圈数的计数器，如图 3-1 所示。

测量时，永久磁铁安装在被测旋转物体上，物体每转动一周，霍尔开关就"感应"到一次磁场，并送出一个脉冲信号。然后使用计数电路记录脉冲信号的个数，再通过显示屏显示计数结果，从而实现对转数的测量和显示。本项目样机如图 3-2 所示。

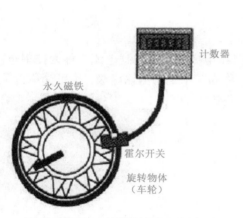

图 3-1　霍尔开关转数测量示意图

图 3-2　霍尔转数计数器项目样机

3.1.2　项目任务

根据给定的元器件、印制电路板和电路图，按照电子产品制作工艺，通过焊接、组装和调试，制作一台霍尔转数计数器。

任务2 信 息 收 集

3.2.1 霍尔传感器

霍尔传感器是根据霍尔效应制作的一种磁传感器。霍尔效应是磁电效应的一种。这一现象是霍尔（A.H.Hall，1855—1938）于 1879 年在研究金属导电机理时发现的。后来发现半导体、导电流体等也有这种效应，而半导体的霍尔效应比金属强得多，利用这种现象制成的各种霍尔元件，广泛地应用于工业自动化、检测技术及信息处理等方面。

1. 霍尔效应

如图 3-3 所示，金属或者半导体薄片置于磁感应强度为 B 的磁场中，磁场方向垂直于薄片，当有电流 I 流过薄片时，在垂直于电流和磁场的方向上将产生电动势 U_H，这种现象称为霍尔效应。由此产生的电动势称为霍尔电动势，这种薄片称为霍尔元件。

作用在半导体薄片上的磁场强度 B 越强，霍尔电动势也就越大。霍尔电动势 U_H 可用式（3-1）表示：

$$U_H = K_H I B \qquad (3-1)$$

式中，K_H 为霍尔元件的灵敏度系数，I 为控制电流，B 为磁感应强度。其中霍尔元件的灵敏度系数与元件材料的性质及几何尺寸有关，由此可知，霍尔电动势的大小与控制电流和磁感应强度成正比。

2. 霍尔元件结构与基本电路

霍尔元件是四端元件，如图 3-4 所示。其中 1-1′电极用于加控制电流，称为控制电极，也叫激励电流端；2-2′电极用于引出霍尔电动势，称为霍尔电动势输出极，也可简称为霍尔电极。在基片外面用金属或陶瓷、环氧树脂等封装作为外壳。

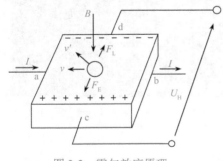

图 3-3　霍尔效应原理

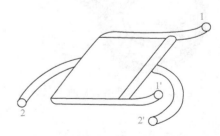

图 3-4　霍尔元件外形结构示意图

霍尔元件通用的图形符号如图 3-5 所示。

霍尔元件基本电路如图 3-6 所示。霍尔电极在基片上的位置及它的宽度对霍尔电动势数值影响很大。通常霍尔电极位于基片长度的中间，其宽度远小于基片的长度。

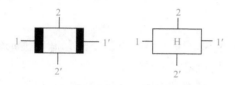

图 3-5　霍尔元件图形符号

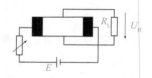

图 3-6　霍尔元件基本电路

目前常用的霍尔元件材料是 N 型硅，它的灵敏度、温度特性、线性度都比较好。锑化铟、砷化铟、锗、砷化镓等也是常用的霍尔元件材料。

3. 霍尔元件的主要特性参数

（1）输入电阻和输出电阻

输入电阻 R_{in} 为控制电极间的电阻；输出电阻 R_{out} 为霍尔电极间的电阻。通常输入电阻稍大于输出电阻，一般均为几欧姆到几百欧姆。

（2）额定控制电流 I_C

额定控制电流 I_C 是指当霍尔元件有控制电流使其本身在空气中产生 10℃ 温升时，对应的控制电流值。额定控制电流 I_C 的大小与霍尔基片的尺寸有关，尺寸越小，额定控制电流越小。

（3）不等位电势 U_0 和不等位电阻 R_0

不等位电势 U_0 是指当霍尔元件的控制电流为额定值时，若元件所处位置的磁感应强度为零，测得的空载霍尔电势。它主要与两个霍尔电极不在同一个等位面上及其材料电阻率不均等因素有关。不等位电势与额定控制电流之比称不等位电阻 R_0。

（4）灵敏度系数 K_H

灵敏度系数 K_H 是指在单位磁感应强度下，通以单位控制电流所产生的霍尔电动势。

（5）霍尔电动势温度系数 α

霍尔电动势温度系数 α 是指在一定磁感应强度和控制电流下，温度每变化 1℃ 时，霍尔电动势变化的百分率。仪器要求精度高时，要选择 α 值小的元件，必要时要加温度补偿电路。

如表 3-1 所示为典型的砷化镓霍尔元件主要参数。

表 3-1　典型砷化镓霍尔元件主要参数

参　　数	典　型　值
额定功耗 P_0	25mW
开路灵敏度 K_H	20mV/(mA·kGs)
不等位电动势 U_0	0.1mV
最大工作电流 I_m	20mA
最大磁感应强度 B_m	7kGS
输入电阻 R_{in}	500Ω
输出电阻 R_{out}	500Ω
线性度 γ_L	0.2%
霍尔电动势温度系数 α	−0.1%/℃
工作温度 t	−40~125℃

注：1kGs=0.1T。

4．霍尔传感器的特点

（1）测量范围宽：可以测量任意波形的电流和电压，如直流、交流、脉冲波形等，甚至可测量瞬态峰值；电流测量可达 50kA，电压测量可达 6400V。

（2）精度高：在工作温度区内精度优于 1%，该精度适合于任何波形的测量。

（3）线性度好：优于 0.1%。

（4）动态性能好：响应时间小于 1μs，跟踪速度 $\mathrm{d}i/\mathrm{d}t$ 高于 50A/μs。

（5）工作频带宽：在 0～100kHz 频率范围内精度为 1%；在 0～5kHz 频率范围内精度为 0.5%。

（6）过载能力强：当控制电流超负荷，模块达到饱和时，可自动保护，即使过载电流是额定值的 20 倍时，霍尔传感器也不会损坏。

（7）灵敏度高：能够区分在"高分量"上的微弱信号，例如，在几百安的直流分量上区分出几毫安的交流分量。

（8）可靠性高：失效率 $\lambda=0.43\times10^{-6}$/h。

（9）抗外磁场干扰能力强：在距霍尔传感器 5～10cm 处，由磁场干扰而引起的误差小于 0.5%，对于大多数应用，抗外磁场干扰是足够的，但对很强磁场的干扰要采取适当的措施。

（10）霍尔传感器尺寸小，质量轻，易于安装，它在系统中不会带来任何损失。

5．霍尔传感器的分类

在实际使用中霍尔传感器按构造分为无铁芯型、铁芯型和测试用探针霍尔集成电路三类。按引出线端子分为：三端子组件、四端子组件和五端子组件三类，如图 3-7 所示。

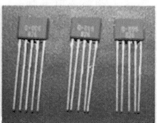

图 3-7　霍尔传感器

3.2.2　霍尔集成电路

霍尔集成电路就是将霍尔传感器与放大电路集成在一起的磁敏传感器，只要接上电源就可以使用。常见的有线性型和开关型两种，具有体积小、质量轻、功耗低等优点。

1．线性型霍尔集成电路

线性型霍尔集成电路一般由霍尔元件、差分放大、射极跟随输出及稳压四部分组成，输出电压与外加磁场呈线性比例关系。

线性型霍尔集成电路输出的是模拟量，测量精度高、线性度好。较典型的线性型霍尔器件如 UGN3501 等，如图 3-8、图 3-9 所示。

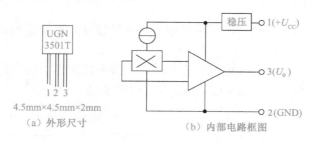

（a）外形尺寸　　　　　　　　（b）内部电路框图

图 3-8　线性型单端输出霍尔集成电路

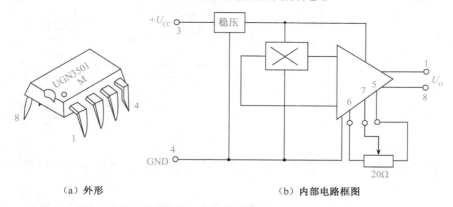

（a）外形　　　　　　　　　　（b）内部电路框图

图 3-9　线性型双端输出霍尔集成电路（差动输出）

线性型霍尔传感器主要用于一些物理量的测量。

（1）霍尔电流传感器

霍尔电流传感器的原理如图 3-10 所示，由于通电螺线管内部存在磁场，其大小与导线中的电流成正比，所以可以利用线性型霍尔传感器测量出磁场，从而确定导线中电流的大小。

霍尔电流传感器具有不与被测电路发生电接触、不影响被测电路、不消耗被测电路电源功率的优点，特别适用于大电流的测量。

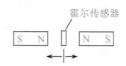

图 3-10　霍尔电流传感器原理示意图　　　　图 3-11　霍尔位移传感器原理示意图

（2）霍尔位移传感器

霍尔位移传感器的原理如图 3-11 所示，将两块永久磁铁同极性相对放置，线性型霍尔传感器置于中间，其磁感应强度为零，则这个点可以作为位移的零点。当霍尔传感器水平运动产生位移时，将产生电压输出，且电压大小与位移大小成正比。

2. 开关型霍尔集成电路

开关型霍尔集成电路是把霍尔元件的输出信号经过处理后转变为一个高电平或低电平的数字信号，应用十分广泛。

开关型霍尔集成电路由稳压电源、霍尔元件、差分放大器、施密特触发器和输出级组成。较典型的开关型霍尔器件如 UGN3020 等，如图 3-12 所示。

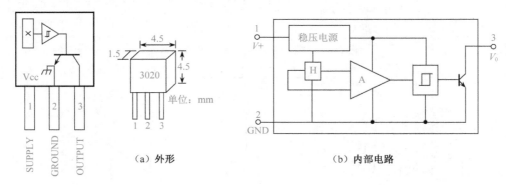

（a）外形　　　　　　　（b）内部电路

图 3-12　开关型霍尔集成电路

开关型霍尔传感器按照感应方式可分为单极性霍尔开关、双极性霍尔开关和全极性霍尔开关。

（1）单极性霍尔开关：磁场的一个磁极靠近它，输出低电平，磁场磁极离开时输出高电平，应用时需指定磁极。

（2）双极性霍尔开关：磁场的两个磁极分别控制双极性霍尔开关的开和关（高低电平），当磁极离开后霍尔输出信号不发生改变，具有锁定的作用，直到另一个磁极感应。

（3）全极性霍尔开关：全极性霍尔开关的感应方式与单极性霍尔开关的感应方式相似，区别在于单极性霍尔开关需指定磁极，而全极性霍尔开关不用指定磁极，任何磁极靠近时输出低电平信号，离开时输出高电平信号。

开关型霍尔传感器主要用于测转数、转速、风速、流速、接近开关、关门告知器、报警器、自动控制电路等。

3.2.3　霍尔传感器的应用

1. 霍尔特斯拉计

霍尔特斯拉计（也称为高斯计）可用于测量直流磁场、交流磁场的磁感应强度，以及永磁材料表面磁场、直流电机、扬声器、磁选机的工作磁场，也可应用于检测机械加工后物品残留磁性、检测磁极分布、产品退磁后剩余磁场、检测电磁场的漏磁等。霍尔特斯拉计的外形如图 3-13 所示。

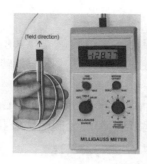

图 3-13　霍尔特斯拉计

2. 霍尔转速表

在被测转速的转轴上安装一个齿盘，也可选取机械系统中的一个齿轮，将线性型霍尔传感器及磁路系统靠近齿盘。齿盘的转动使磁路的磁阻随气隙的改变而周期性地变化，霍尔传感器输出的微小脉冲信号经隔直、放大、整形后可以测定物体的转速。原理如图 3-14 所示。

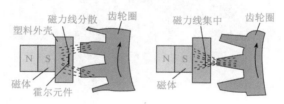

图 3-14　霍尔转速表原理

当齿对准霍尔元件时，磁力线集中穿过霍尔元件，可产生较大的霍尔电动势，放大、整形后输出高电平；反之，当齿轮的空挡对准霍尔元件时，输出为低电平。

霍尔转速表的典型应用是在汽车防抱死装置中。若汽车在制动时车轮被抱死，会产生危险。用霍尔转速传感器来检测和保持车轮的转动，有助于控制制动力的大小和防止侧偏。汽车防抱死装置示意图如图 3-15 所示。

图 3-15　汽车防抱死装置示意图

3. 霍尔无刷电动机

传统的直流电动机使用换向器来改变转子（或定子）的电枢电流方向，以维持电动机的持续运转。霍尔无刷电动机取消了换向器和电刷，而采用霍尔元件来检测转子和定子之间的相对位置，其输出信号经放大、整形后送至控制电路，从而控制电枢电流的换向，维持电动机的正常运转。

无刷直流电动机的外转子采用高性能钕铁硼稀土永磁材料，三个霍尔位置传感器产生六个状态编码信号，控制逆变桥各功率管通断，使三相内定子线圈与外转子之间产生连续转矩。具有效率高、无火花、可靠性强等特点。

由于无刷电动机不产生电火花及电刷磨损等问题，所以在录像机、CD 唱机、光驱等家用电器中得到越来越广泛的应用。图 3-16 为电动自行车的无刷电动机及其控制电路。

图 3-16　电动自行车无刷电动机

4．霍尔接近开关

用霍尔集成电路器件也能实现接近开关的功能，但是它只能用于铁磁材料，并且还需要建立一个较强的闭合磁场。常用霍尔接近开关如图 3-17 所示。

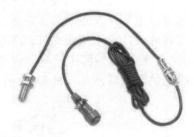

图 3-17　常用的霍尔接近开关

霍尔接近开关应用示意图如图 3-18 所示。在图中，磁极的轴线与霍尔接近开关的轴线在同一直线上。当磁铁随运动部件移动到距霍尔接近开关几毫米时，霍尔接近开关的输出由高电平变为低电平，经驱动电路使继电器吸合或释放，控制运动部件停止移动（否则将撞坏霍尔接近开关），从而起到限位的作用。

5．霍尔电流变送器

霍尔电流变送器具有电流互感器无法比拟的优点。例如，能够测量直流电流、弱电回路和主回路隔离，容易与计算机接口连接，不会产生过电压等，因而广泛应用于自动控制系统中电流的检测与控制。

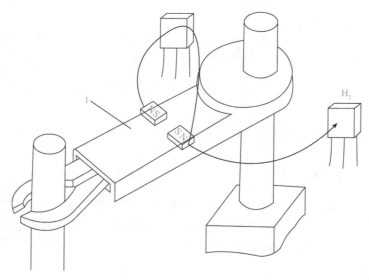

图 3-18　霍尔接近开关应用示意图

霍尔电流变送器外形如图 3-19 所示。将被测电流的导线穿过霍尔电流传感器的检测孔，当有电流通过导线时，在导线周围将产生磁场，磁力线集中在铁芯内，并在铁芯的缺口处穿过霍尔元件，从而产生与电流成正比的霍尔电压。

霍尔电流变送器的输出有电压型和电流型之分。典型应用为霍尔钳形电流表，如图 3-20 所示。将被测电流的导线从钳形表的环形铁芯穿入，即可方便测出被测导线中的电流大小。

图 3-19　霍尔电流变送器外形

图 3-20　霍尔钳形电流表

任务 3　项目实施

3.3.1　框图

霍尔转数计数器框图如图 3-21 所示，由计数脉冲产生电路、计数器、数码管驱动，以及转数显示四部分电路组成。

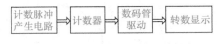

图 3-21　霍尔转数计数器框图

3.3.2　44E 型霍尔传感器

1．44E 型霍尔传感器结构

44E 型霍尔传感器是一个霍尔开关集成电路，其外形如图 3-22 所示。其内部由稳压器、霍尔电势发生器、施密特触发器和集电极开路输出级构成。其输入为磁感应强度，输出是一个数字电压信号。其内部结构如图 3-23 所示。

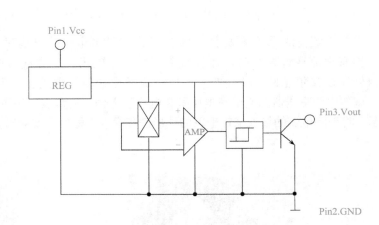

图 3-22　44E 型霍尔开关外形　　　　　图 3-23　44E 型霍尔开关内部结构

其工作原理为：在 1、2 端输入电压 V_{CC}，经稳压器稳压后加在霍尔元件的两端。由霍尔效应原理，当霍尔元件处在磁场中时，霍尔电势发生器就会产生霍尔电动势 U_H 输出，该 U_H 经放大器放大后，送至施密特触发器整形。当施加的磁场达到该器件的工作点时，施密特电路翻转，产生响应的数字电压信号。

2．主要参数

44E 型霍尔开关的主要参数如表 3-2 所示。

表 3-2　44E 型霍尔开关主要参数

参数（符号）	最　小　值	典　型　值	最　大　值
工作电压（V_{CC}）	4.5V		24V
电源脚工作电流（I_{CC}）		5mA	
输出低电平电压（V_{OL}）		0.2V	0.4V

续表

参数（符号）	最 小 值	典 型 值	最 大 值
输出漏电流（I_{OH}）		1.0μA	10μA
导通磁感应强度（B）			20mT
输出上升时间（t_r）		0.2μs	2.0μs
输出下降时间（t_f）		0.18μs	2.0μs
工作温度范围（T_{OP}）	−40℃		125℃

3.3.3　电路原理图

1. 电路原理图

霍尔转数计数器电路原理图如图 3-24 所示，由计数脉冲产生电路、计数器电路、数码管驱动电路和数码显示电路组成。

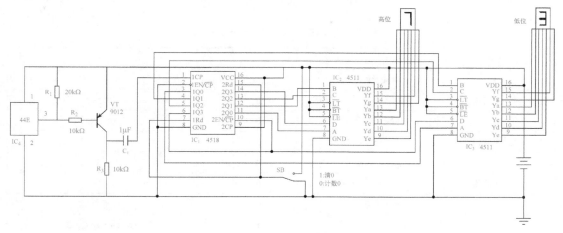

图 3-24　霍尔转数计数器电路

2. 工作过程

通过霍尔开关对磁铁的感应产生计数脉冲信号，将计数脉冲信号送入计数器进行计数，然后通过数码管驱动电路驱动数码管显示当前的转数值。

（1）计数脉冲产生电路

计数脉冲产生电路由 44E 型霍尔开关集成电路及其外围电路组成。计数脉冲由霍尔开关的引脚 3 输出。

（2）计数器电路

计数器电路部分采用了 CD4518 集成电路。CD4518 是一个双 BCD 同步加法计数器，由两个相同的同步 4 级计数器组成。其引脚示意如图 3-25 所示。

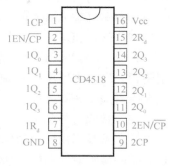

图 3-25　CD4518 引脚示意图

CD4518 的 $Q_3Q_2Q_1Q_0$ 是计数器输出端；CP 为计数脉冲时钟输入端，前沿触发；Rd 是直接清零端，高电平有效；EN/$\overline{CP}$ 具有双重功能，当使能端用时，高电平有效，当 CP 脉冲端用时，后沿触发，同时原 CP 端成为使能端，低电平有效。CD4518 计数器是单路系列脉冲输入（1 脚或 2 脚；9 脚或 10 脚），4 路 BCD 码信号输出（3 脚~6 脚；11 脚~14 脚）。16 脚 V_{CC} 接电源，8 脚 GND 接地。

CD4518 工作时序图及输入/输出控制真值表分别如图 3-26、表 3-3 所示。

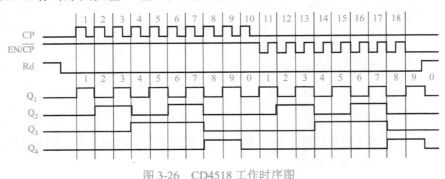

图 3-26　CD4518 工作时序图

表 3-3　CD4518 输入/输出控制真值表

输　　　入			输　　　出
CP	EN/$\overline{CP}$	Rd	
脉冲上升沿	1	0	加计数
0	脉冲下降沿	0	加计数
脉冲下降沿	—	0	不变
—	脉冲上升沿	0	不变
脉冲上升沿	0	0	不变
1	脉冲下降沿	0	不变
—	—	1	$Q_0=Q_1=Q_2=Q_3=0$

（3）数码管驱动电路

数码管驱动电路由两片七段显示译码器 CD4511 组成。CD4511 是 CMOS 集成电路，用来驱动共阴极 LED 数码管。CD4511 中除了完成译码驱动外，还附加有试灯输入端 $\overline{LT}$，消隐输入端 $\overline{BI}$，锁定控制端 $\overline{LE}$ 三个控制信号。CD4511 的引脚排列及功能如图 3-27 所示。

1、2、7 脚为二进制数据输入端；3 脚为灯输入端，4 脚为消隐输入端，5 脚为锁定控制端；9 脚~15 脚为七段译码输出端；16 脚接电源，8 脚接地。

（4）数码管显示电路

数码管显示由 2 个数码管组成，分别显示计数的高位和低位。数码显示器件是用来显示数字、文字或符号的器件，有多种不同的规格和类型，广泛应用于各种数字设备中。七段数码

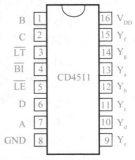

图 3-27　CD4511 引脚示意图

管每段都是一个 LED 发光二极管，其字形结构如图 3-28 所示。选择不同字段发光，即可显示出不同的字形，例如当 b、c 字段点亮时，就会显示数字"1"；当 a、b、c、d、g 字段点亮时，就会显示数字"3"等。

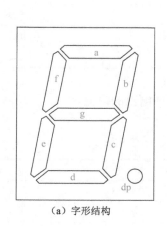
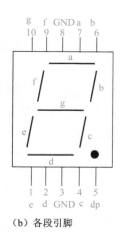

（a）字形结构　　　　　　　　　　（b）各段引脚

图 3-28　七段数码管字形结构

七段数码管有共阴极和共阳极两种，如图 3-29 所示。对于共阳极接法，若需点亮某字段，则需使该字段的引脚为低电平；而对于共阴极接法，若需点亮某字段，则需使该字段引脚为高电平。

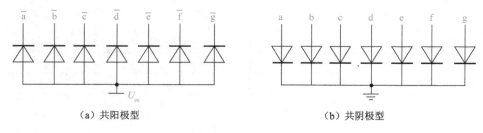

（a）共阳极型　　　　　　　　　　　（b）共阴极型

图 3-29　七段数码管内部电路结构

本项目中译码器 CD4511 驱动的为共阴极 LED 数码管，因此选用共阴极数码管。在连接数码管时，要注意数码管各个引脚所对应的字母，以防接错或漏接。

3.3.4　霍尔转数计数器制作

1. 设备及元器件

设备及元器件要求如表 3-4 所示。

2. 元器件识别与检测

（1）根据元器件清单，清点组件；

（2）识别 44E 型霍尔开关、计数器 CD4518 以及七段显示译码器 CD4511 的引脚；

表 3-4　设备及元器件

序　号	设备及元器件	数　量
1	直流稳压电源	1 台
2	万用表	1 块
3	电烙铁、尖嘴钳、偏口钳等工具	1 套
4	霍尔转数计数器套件	1 套

（3）识别数码管引脚，检测电容、三极管性能；

（4）使用万用表对电阻器进行检测，并记录色环电阻的阻值。

霍尔转数计数器元器件清单如表 3-5 所示。

表 3-5　霍尔转数计数器元器件清单

元器件名称	元器件符号	型　号	数　量
计数器	IC_1	CD4518	1
七段显示译码器	IC_2、IC_3	CD4511	2
霍尔开关	IC_4	44E	1
电阻	R_1	20kΩ	1
	R_2、R_3	10kΩ	2
电容	C_1	1μF	1
三极管	VT	9012	1
切换开关	SB		1
数码管	LED	共阴极七段	2
印制电路板			1
集成电路插座		16 脚	3

3.焊接组装

（1）焊接前准备

① 按照工艺要求对元器件引脚进行整形处理；

② 对照原理图和印制电路板图，查找元器件在印制电路板上的位置。电路板图如图 3-30 所示。

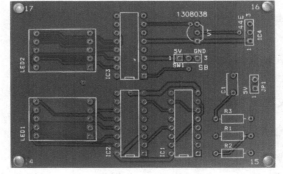

图 3-30　电路板图

（2）焊接工艺要求

① 电阻器卧式贴板焊接；

② 电容器根据焊盘孔距，引脚成形后焊接；

③ 集成电路采用插座贴板焊接；

④ 44E 型霍尔开关直立插件焊接；

⑤ 将二根 6cm 长单芯导线，两头剥约 4mm 挂锡；

⑥ 焊点光亮，不能虚焊、连焊、错焊、漏焊、铜箔脱落，同时还要注意用锡要适量。焊完之后，将引脚剪掉，焊板上保留焊点高度 0.5～1mm；

⑦ 焊接时应注意数码管连接正确。

4．电路调试

（1）调试准备

① 电路焊接完成后，再次检查各元件焊接位置是否正确、有无虚焊和连焊等。

② 将计数器 CD4518 和七段显示译码器 CD4511 按标志方向插入集成电路插座。

③ 将两根 6cm 导线一端焊接到印制电路板电源正、负端。

④ 把稳压电源输出电压调整为 5V，将印制电路板上的电源线接至稳压电源正、负端。

⑤ 再次检查连接是否正确，接通 5V 电源。

（2）电路调试

① 将永久磁铁安装在旋转物体上，例如车轮。

② 转动车轮，霍尔开关的磁感应面每靠近车轮上的磁铁一次，计数器就进行加一计数，数码管上显示的数字相应进行加一。

③ 记录车轮转动次数，观察数码管显示是否正确。

（3）故障排除

① 若数码管不进行加一计数显示，使用脉冲发生器直接连接计数器输入端，观察数码管是否正常进行计数显示，若不计数则检查计数器及数码管驱动部分电路连接是否正确；若使用脉冲发生器可正常计数，则检查霍尔开关脚 3 和计数器处电路连接是否正确，确保其有信号输出。

② 若数码管显示异常，检查数码管驱动电路 CD4511 脚 9~15 处电路连接是否正确，确保其正确驱动数码管显示。

③ 若随着车轮转动的进行，数码管显示时而加一，时而不变，调整车轮上磁铁安装的位置，确保每次转动都能靠近霍尔开关的磁感应面。

任务 4　项目考核

项目考核评价表如表 3-6 所示。

表 3-6 项目考核评价表

班级			组别			日期	
小组成员分工	组长					得分：	
	检测员					得分：	
	装接工					得分：	
	调试工					得分：	
	记录员					得分：	

考　核　内　容	为其他组相应项目评分							
1. 元器件检测：对照清单正确清点检测。（20分）								
2. 电路板焊接： （1）元件布局合理，焊接正确；（30分） （2）焊点圆、滑、亮。（20分）								
3. 功能调试：数码管显示正常。 （1）按要求调试，功能正确；（15分） （2）故障排除。（5分）								
4. 安全文明：安全操作，文明生产。 （1）完成6S要求，有创新意识；（5分） （2）遵纪守规，互助协作。（5分）								
教师为本组评分：								

备注：教师根据资料记录和整理情况给记录员打分，记录员负责本组成员打分，本组成员共同商定给其他组打分。

项目测试

1. 选择题

（1）霍尔传感器是根据霍尔效应制作的一种（　　）传感器。

　　A. 电场　　　　　　B. 磁场　　　　　　C. 气体浓度　　　D. 环境温度

（2）霍尔元件的灵敏度系数与（　　）有关。

　　A. 控制电流　　　　　　　　　B. 磁场强度

　　C. 霍尔电动势　　　　　　　　D. 元件材料的性质及几何尺寸

（3）以下几种属于四端元件的是（　　）。

　　A. 热敏电阻　　　B. 压电元件　　　C. 霍尔元件　　　D. 气敏电阻

（4）霍尔元件中用于加控制电流的电极称为（　　）。

　　A. 霍尔电极　　　B. 控制电极　　　C. 输入电极　　　D. 输出电极

（5）霍尔传感器是一种（　　）。

　　A. 热敏传感器　　B. 湿敏传感器　　C. 气敏传感器　　D. 磁敏传感器

（6）霍尔元件（　　）极间的电阻为输入电阻。

    A．控制电极　　　　B．霍尔电极　　　　C．输入电极　　　　D．输出电极

2．判断题

（1）只有金属导体才能产生霍尔效应。（　　）

（2）作用在半导体薄片上的磁场强度越强，霍尔电动势也就越高。（　　）

（3）霍尔元件的输入电阻通常稍小于输出电阻，一般均为几欧姆到几百欧姆。（　　）

（4）额定控制电流的大小与霍尔基片的尺寸有关，尺寸越小，额定控制电流越小。（　　）

（5）霍尔元件的灵敏度系数是指在单位磁感应强度下，通以单位控制电流所产生的霍尔电势。（　　）

（6）仪器要求精度高时，要选择霍尔电动势温度系数大的元件。（　　）

（7）霍尔集成电路可分为线性型和开关型两类，其中线性型霍尔集成电路输出的为脉冲数字信号。（　　）

（8）44E 型霍尔传感器是一种线性型霍尔集成电路。（　　）

（9）计数器 CD4518 当 Rd 为高电平时执行清零操作。（　　）

（10）CD4511 只能驱动共阳极数码管。（　　）

3．简答题

（1）什么是霍尔效应？霍尔电动势与哪些因素有关？

（2）线性型霍尔集成电路由哪些电路部分组成？输出有什么特点？

（3）开关型霍尔集成电路由哪些电路部分组成？输出有什么特点？

（4）简述霍尔转数计数器的电路组成及工作过程。

4．项目拓展

（1）尝试制作采用单片机作为控制单元设计霍尔转数计数器。

（2）查阅资料，总结出一种霍尔传感器的技术指标和使用方法。

知识拓展

常用磁敏传感器——磁阻传感器

根据电场和磁场的原理，当在铁磁合金薄带的长度方向上施加电流时，如果在垂直于电流的方向再施加磁场，铁磁性材料中就有磁阻的非均质现象出现，从而引起合金带自身的阻值变化，这种现象称为磁阻效应。磁阻传感器是基于该原理制成的，一般有高灵敏度、高可靠性、小体积、抗电磁干扰性好、易于安装、廉价等特点。

1．磁敏电阻传感器

磁敏电阻传感器又称为磁控电阻传感器，简称磁敏电阻或磁控电阻，是一种对磁场敏

感的半导体元件，如图 3-31 所示。

图 3-31   磁敏电阻传感器外形

磁敏电阻的主要特性为：

（1）磁电特性：电阻的增量与磁场的强度平方成正比，与磁场的正负无关。

（2）温度特性：温度系数影响大。

（3）频率特性：工作频率范围大，磁感应范围比霍尔元件大。

磁敏电阻常采用 InSb、InAs 和 NiSb 等半导体材料，在绝缘基片上蒸镀薄膜的半导体材料，也可在半导体薄膜上光刻或腐蚀成型。磁敏电阻结构如图 3-32 所示。

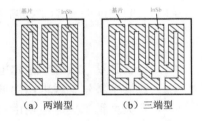

（a）两端型   （b）三端型

图 3-32   磁敏电阻结构图

磁敏电阻的应用包括作为磁头应用，制作为接近开关和无触点开关，也可用于位移、力、加速度等参数的测量。图 3-33 所示为磁敏电阻位移传感器的应用示意图。

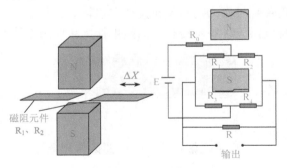

图 3-33   磁敏电阻位移传感器的应用示意图

2．磁敏二极管和磁敏三极管传感器

磁敏二极管、磁敏三极管是继霍尔元件和磁敏电阻之后迅速发展起来的新型磁电转换元件。它们具有磁灵敏度高（磁灵敏度比霍尔元件高数百甚至数千倍），能识别磁场的极性，具有体积小、电路简单、输出信号大、工作电流小等特点，因而在磁场、转速、探伤等检测与控制系统中得到了普遍应用。

（1）磁敏二极管

磁敏二极管是利用载流子在磁场中运动会受到洛伦兹力作用的原理制成的。它是一种对磁场极为敏感的半导体器件，是为探测较弱磁场而设计的。

磁敏二极管分为硅磁敏二极管和锗磁敏二极管。与普通二极管的区别主要是普通二极管 PN 结的基区很短，磁敏二极管的 PN 结却有很长的基区，而且基区是由接近本征半导体的高阻材料构成。磁敏二极管的结构和电路符号如图 3-34 所示。

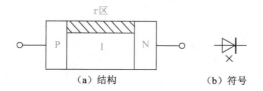

（a）结构   （b）符号

图 3-34 磁敏二极管结构及电路符号

（2）磁敏三极管

磁敏三极管与普通三极管类型相同，分为 NPN 型和 PNP 型两种，也分为基极、发射极和集电极三个电极。磁敏三极管结构及电路符号如图 3-35 所示。

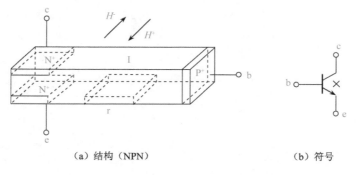

（a）结构（NPN）   （b）符号

图 3-35 磁敏三极管结构及电路符号

在正反磁场作用下，集电极电流出现明显变化。如正向磁场作用时，载流子向发射极一侧偏转，使集电极电流减小。如受到负向磁场作用时，载流子向集电极一侧偏转，使集电极电流增大。

项目小结

1. 霍尔传感器是根据霍尔效应制作的一种磁场传感器。由霍尔效应产生的电动势称为霍尔电动势。

2. 霍尔元件是四端元件，用于加控制电流的电极称为控制电极，也叫激励电流端；用于引出霍尔电动势的电极称为霍尔电动势输出极，也可简称为霍尔电极。

　　3．霍尔集成电路就是将霍尔传感器与放大器电路集成化了的磁敏传感器，常见的有线性型和开关型两种。

　　4．线性型集成电路由霍尔元件、差分放大、射极跟随输出及稳压四部分组成，输出电压与外加磁场呈线性比例关系。

　　5．开关型霍尔集成电路由稳压器、霍尔片、差分放大器，施密特触发器和输出级组成，输出一个高电平或低电平的数字信号。本项目中选择的霍尔传感器 44E 是一种开关型霍尔集成电路。

项目4

数字温度计制作

知识目标

1. 掌握各种温度传感器的原理和特性；
2. 了解温度传感器 **LM35** 的应用；
3. 了解数字温度计的实现原理。

技能目标

1. 会选择使用典型温度传感器；
2. 能够熟练焊接组装数字温度计电路。

任务 1　项目任务书

4.1.1　项目描述

　　温度是一个基本的物理量，也是一个重要的环境参数，自然界中的一切过程都与温度密切相关。各种工程实践及科学研究中，经常遇到必须精确测定温度的情况。从工业炉温、环境气温，家用的冰箱、热水器，直到人的体温，各个技术领域都离不开对温度的测量与控制。

　　数字温度计精度高，使用方便，显示直观，已经成为实现温度测量的主要工具。生活中常见的数字温度计品种繁多，如图 4-1 所示。

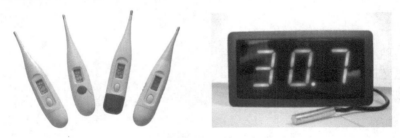

图 4-1　常见的数字温度计

　　数字温度计采用温度传感元件也就是温度传感器（如铂电阻，热电偶，半导体，热敏电阻等），将温度的变化转换成电信号的变化，如电压或电流的变化。温度变化和电信号的变化形成一定的关系，然后使用模数转换电路，即 A/D 转换电路将模拟信号转换为数字信号，再送给处理单元，成为可以显示出来的温度数值，最后通过显示单元显示出来，这样就完成了数字温度计的基本测温功能。本项目利用温度传感器制作一个数字温度计，实现对外界温度的测量，并由数码管显示温度值。通过该项目的制作，了解温度传感器的原理、特性及应用。本项目样机如图 4-2 所示。

图 4-2　项目样机

4.1.2　项目任务

根据给定的元器件、印刷电路板和电路图，按照电子产品制作工艺，通过焊接、组装和调试，制作一台数字温度计。

任务 2　信 息 收 集

4.2.1　温度测量基本知识

温度是国际单位制七个基本量之一，是表征物体冷热程度的物理量。温度的数值表示方法称为温标。它规定了温度读数的起点（即零点）以及温度的单位。各类温度计的刻度均由温标确定。常用的温标种类包括摄氏温标（℃）、华氏温标（℉）和热力学温标（K）等。

按照所用的方法不同，温度测量分为接触式测温和非接触式测温两类。

1. 接触式测温

接触式测温的特点是测温元件直接与被测对象相接触，两者之间进行充分的热交换，最后达到热平衡。这时感温元件的某一物理参数的量值就代表了被测对象的温度值。

但是，感温元件影响被测温度场的分布、接触不良等问题都会带来测量误差。另外，温度太高或者腐蚀性介质对感温元件的性能和寿命都会产生不利的影响。

接触式测温的仪器包括膨胀式温度计、电阻式温度计和热电式温度计等。

2. 非接触式测温

非接触式测温的特点是感温元件不与被测对象相接触，而是通过辐射进行热交换。故可避免接触测温法的缺点，具有较高的测温上限。此外，非接触测温法热惯性小，可达千分之一秒，故便于测量运动物体的温度和快速度变化的温度。

由于受物体的发射率、被测对象到仪表之间的距离以及烟尘、水汽等其他介质的影响，这种方法一般测温误差较大。

非接触式测温仪器包括辐射温度计、亮度温度计和比色温度计等。

常用的各种温度传感器名称、原理、测温范围和特点如表 4-1 所示。

表 4-1　温度传感器的种类及特点

所利用的物理现象	传感器类型	测温范围/℃	特　点
体积热膨胀	气体膨胀温度计	−250～1000	不需要电源，耐用；但感温部件体积较大
	液体压力温度计	−200～350	
	玻璃水银温度计	−50～350	
	双金属片温度计	−50～300	

所利用的物理现象	传感器类型	测温范围/℃	特　点
接触热电动势	钨铼热电偶 铂铑热电偶 其他热电偶	1000～2100 200～1800 −200～1200	自发电型，标准化程度高，品种多，可根据需要选择；需进行冷端温度补偿
电阻的变化	铂热电阻 热敏电阻	−200～900 −50～300	标准化程度高；但需要接入桥路才能得到输出电压
PN 结结电压	硅半导体二极管 （半导体集成温度传感器）	−50～150	体积小，线性好，−2mV/℃；但测温范围小
温度-颜色	示温涂料 液晶	−50～1300 0～100	面积大，可得到温度图像；但易衰老，准确度低
光辐射/热辐射	红外辐射温度计 光学高温温度计 热释电温度计	−50～1500 500～3000 0～1000	非接触式测量，反应快；但易受环境及被测体表面状态影响，标定困难

目前，市场上的温度传感器主要有以下几种：

（1）由两种不同材料的导体组成的热电偶；

（2）以金属铂为测温材料的铂电阻；

（3）利用半导体材料的温度特性制成的热敏电阻；

（4）将 PN 结及辅助电路集成在同一个芯片上制作成的集成温度传感器。

4.2.2　热电偶传感器

1. 热电偶传感器及工作原理

热电偶是目前工业温度测量领域里应用最广泛的传感器之一，它与其他温度传感器相比具有突出的优点：

（1）属于自发电型传感器，测量时可以不需外加电源；

（2）测温范围广，下限可达−270℃，上限可达 1800℃以上；

（3）各温区中的热电势均符合国际计量委员会的标准；

（4）具有结构简单、准确可靠、性能稳定、维护方便等优点，热容量和热惯性都较小，能够用于快速测量。

热电偶的工作原理是基于热电效应，将温度的变化转化为电势。将两种不同材料的金属 A 和 B 焊接起来构成一个闭合回路，当 A 和 B 的两个连接点之间存在温差时，两者之间便产生电动势，这种现象称为热电效应，如图 4-3 所示。

两种不同材料导体所组成的回路就称为热电偶，组成热电偶的导体称为热电极，如图 4-3 中 2 所示。热电偶所产生的电动势称为热电动势。热电偶的两个结点中，置于温度为 T 的被测对象中的结点称为测量端，又称为工作端或者热端，如图 4-3 中 1 所示；而置于参考温度为 T_0 的另一结点称为参考端，又称为自由端或者冷端，如图 4-3 中 4 所示。

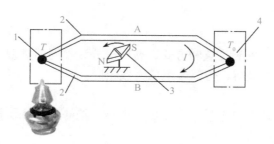

图 4-3　热电效应

工业中常用的热电偶名称、测温范围及其特点如表 4-2 所示。

表 4-2　国际通用热电偶特性表

名称	分度号	测温范围/℃	100℃时的热电动势/mV	1000℃时的热电动势/mV	特　　点
铂铑 30-铂铑 60	B	50～1820	0.033	4.834	测温上限高，性能稳定，准确度高，100℃以下热电动势极小，可不必考虑冷端温度补偿；价位高，热电动势小，线性差；只适用于高温域的测量
铂铑 13-铂	R	−50～1768	0.647	10.506	测温上限较高，准确度高，性能稳定，复现性好；但热电动势较小，不能在金属蒸气和还原性气体中使用，在高温下连续使用时特性会逐渐变坏，价位高；多用于精密测量
铂铑 10-铂	S	−50～1768	0.646	9.587	优点同铂铑 13-铂；但性能不如 R 型热电偶；曾经作为国际温标的法定标准热电偶
镍铬-镍硅	K	−270～1370	4.096	41.276	热电动势较大，线性好，稳定性好，价廉；但材质较硬，在 1000℃以上长期使用会引起热电动势漂移，多用于工业测量
镍铬硅-镍硅	N	−270～1300	2.744	36.256	是一种新型热电偶，各项性能均比 K 型热电偶好，适宜于工业测量
镍铬-铜镍（锰白铜）	E	−270～800	6.319	—	热电动势比 K 型热电偶大 50%左右，线性好，耐高湿度，价廉；但不能用于还原性气体中；多用于工业测量
铁-铜镍（锰白铜）	J	−210～760	5.269	—	价廉，在还原性气体中较稳定；但纯铁易被腐蚀和氧化；多用于工业测量
铜-铜镍（锰白铜）	T	−270～400	4.279	—	价廉，加工性能好，离散性小，性能稳定，线性好，准确度高；铜在高温时易被氧化，测温上限低；多用于低温域测量；可作−200～0℃温域的计量标准

2．热电偶的结构形式

热电偶按照其用途、安装位置和方式、材料等分为不同的类型，主要有装配热电偶、铠装热电偶以及薄膜热电偶等，但基本组成大致相同。

（1）装配热电偶

装配热电偶也叫普通型热电偶，主要由热电极、绝缘套管、保护套管和接线盒等几部分构成，如图 4-4 所示。

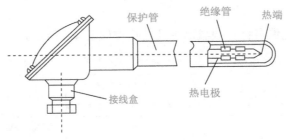

图 4-4   装配热电偶结构

热电极直径一般为 0.35～3.2mm，长度为 250～300mm；绝缘套管可防止两个热电极短路，一般采用陶瓷材料；保护套管在最外层，可以增强强度，并防止热电偶被腐蚀或者受火焰和气流的直接冲击；接线盒用于固定接线座和连接外接导线，一般采用铝合金材料，盒盖用垫圈加以密封以防止污物进入。其实物结构如图 4-5 所示。

装配热电偶均提供标准形式，其中包括棒形、角形、锥形等。其安装固定方式主要有固定法兰式、活动法兰式、固定螺纹式、焊接固定式、无固定装置式几种，如图 4-6 所示。

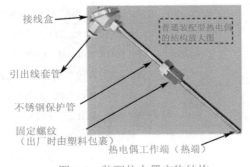

图 4-5   装配热电偶实物结构

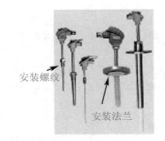

图 4-6   装配热电偶安装固定方式

（2）铠装热电偶

铠装热电偶也叫缆式热电偶，它是将热电极、绝缘材料连同保护管一起拉制成型，经焊接密封盒装配工艺制成坚实的组合体，其结构如图 4-7 所示。

它可以做得很细很长，使用中随需要能任意弯曲，实物如图 4-8 所示。铠装热电偶的主要优点是测温端热容量小，动态响应快，机械强度高，挠性好，可安装在结构复杂的装置上，因此被广泛用在工业生产中，特别是高压装置和狭窄管道温度的测量。

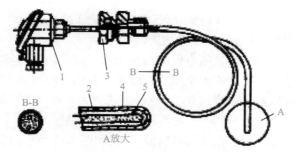

1—接线盒；2—金属套管；3—固定装置；4—绝缘材料；5—热电极

图 4-7　铠装热电偶结构

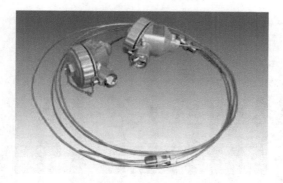

图 4-8　铠装热电偶实物

（3）薄膜热电偶

薄膜热电偶是由两种金属薄膜连接而成的一种特殊结构的热电偶，如图 4-9 所示。

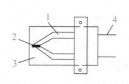

1—热电极；2—热接点；
3—绝缘基板；4—引出线

图 4-9　薄膜热电偶结构

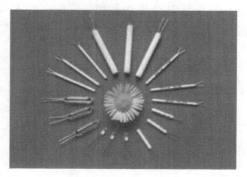

图 4-10　薄膜热电偶实物

薄膜热电偶测量端既小又薄，如图 4-10 所示。热容量很小，动态响应快，可用于微小面积上的温度测量，以及快速变化的表面温度测量。

测量时薄膜热电偶用黏结剂紧贴在被测表面，热损失很小，测量精度高。但是，由于受黏结剂及衬垫材料限制，测量温度范围一般限于–200～300℃。

3. 热电偶的冷端温度补偿

根据热电偶的测温原理，热电偶的热电动势大小不仅与测量端的温度有关，还与冷端温度有关。因此，热电偶与显示或控制仪表连接时，为了提高精度，要求其冷端温度稳定在 0℃，这样就可以利用分度表求出测量端的温度。

但是，工业现场一般不能保证热电偶冷端为 0℃，而且现场环境温度也会随时变化。在温度不稳定的情况下，为了节约贵金属，一般采用补偿导线将热电偶的冷端引导至温度相对稳定的环境，将冷端温度补偿到 0℃。这种方法称为热电偶的冷端温度补偿。

（1）补偿导线

补偿导线由两种性质的廉价金属材料制成，实物如图4-11所示。在一定温度范围内（0～100℃），与配接的热电偶具有相同的热电特性，在不影响测量精度的同时起到延长冷端的作用，使之远离高温区。采用补偿导线可节约大量贵金属，而且易弯曲，便于敷设。

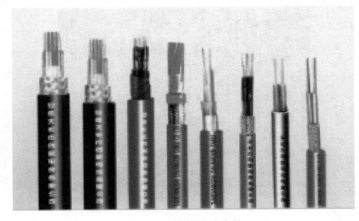

图 4-11　补偿导线实物

使用补偿导线时必须注意型号匹配，如表 4-3 所示，且极性不能接错。补偿导线的外形与双绞线相似，需注意区分。

表 4-3　常用热电偶补偿导线

补偿导线型号	配用热电偶分度号	补偿导线材料		绝缘层颜色	
		正极	负极	正极	负极
SC	S	铜	镍铜	红	绿
KC	K	铜	康铜	红	（黄）
KX	K	镍铬	镍硅	红	黑
EX	E	镍铬	康铜	红	蓝
JX	J	铁	康铜	红	紫
TX	T	铜	康铜	红	白

（2）冷端温度补偿的方法

热电偶冷端补偿的方法很多，实验室中多采用冷端恒温法或者计算校正法。冷端恒温法是将热电偶的冷端置于冰水混合物中，也称为冰浴法，如图4-12所示；计算校正法是根据公式 $E(t,t_0)=E(t,0)-E(t_0,0)$ 进行计算补偿的一种方法，其中 t 为被测温度，t_0 为冷端的实际温度，结合热电偶分度表进行计算校正。

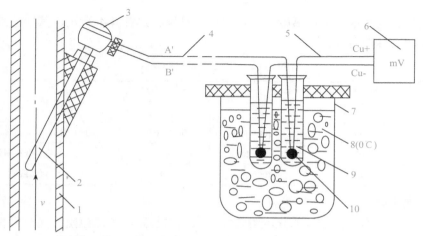

1—被测流体管道；2—热电偶；3—接线盒；4—补偿导线；5—铜质导线；

6—毫伏表；7—冰瓶；8—冰水混合物；9—试管；10—新的冷端

图 4-12　冷端恒温法

工业环境下多采用仪表机械零点调整法和冷端补偿器法。仪表机械零点调整法是将仪表零点调整到热电偶冷端处的温度所对应的电动势的值，如图 4-13 所示；冷端补偿器是一种自动补偿装置，如图 4-14 所示，其内部是一个不平衡电桥，电桥的输出端与热电偶串联，利用电桥输出的不平衡电压来补偿冷端温度变化而产生的偏差，电桥中的一个电阻由对温度敏感的铜丝绕制，用于检测温度的变化，操作时应先将仪表的零点调整到电桥平衡时的温度值。

图 4-13　仪表机械调零

图 4-14　冷端补偿器

4.2.3　金属热电阻传感器

1. 金属热电阻原理及特性

热电阻传感器主要是利用金属材料的阻值随温度升高而增大的特性来测量温度的。主要用于中、低温度（–200～650℃或850℃）范围的温度测量。常用的工业标准化热电阻主要有铂热电阻、铜热电阻和镍热电阻，它们的材料特性如表 4-4 所示。其中铂热电阻的性能最好，可制成标准温度计。

表 4-4 常用热电阻材料特性

材料名称	电阻率 / ($\Omega \cdot mm^2 \cdot m^{-1}$)	测量范围 /℃	电阻丝直径 /mm	特　性
铂	0.0981	−200～650	0.03～0.07	近似线性，性能稳定，精度高
铜	0.07	−50～150	0.1	线性，低温测量
镍	0.12	−100～300	0.05	近似线性

（1）铂热电阻

铂热电阻主要用于高精度的温度测量和标准测温装置。铂热电阻性能非常稳定，测量精度高，但是价格比较贵。

（2）铜热电阻

铜热电阻价格便宜，易于提纯。在测温范围内，线性较好，电阻温度系数比铂电阻高，但是电阻率比铂电阻小，在温度稍高时，易于氧化。铜热电阻测温范围较窄，体积较大，所以适用于对测量精度和敏感元件尺寸要求不高的场合。

（3）镍热电阻

镍热电阻的电阻温度系数较高，电阻率较大，但是易氧化，化学稳定性差，不易提纯，非线性较大，因此目前应用不多。

铂热电阻和铜热电阻目前都已标准化和系统化，选用方便。

2．金属热电阻的结构形式

（1）装配式热电阻

装配式热电阻由感温元件（金属电阻丝）、支架、引出线、保护套管以及接线盒等基本部分组成，广泛地用于工业现场测温，如图 4-15 所示。

（2）隔爆式热电阻

在化工厂和其他生产现场，常伴随有各种易燃、易爆等化学气体以及蒸气等，必须使用隔爆式热电阻。

（3）铠装式热电阻

铠装式热电阻由金属保护管、绝缘材料和感温元件组成。感温元件用细铂丝绕在陶瓷或玻璃骨架上制成。外形柔软易弯，常用于狭窄、弯曲部分的测量，如图 4-16 所示。

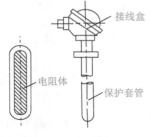

图 4-15 装配式热电阻

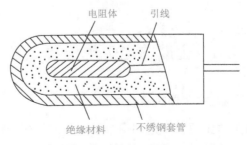

图 4-16 铠装式热电阻

（4）薄膜式热电阻

薄膜式热电阻用于平面物体的表面温度和动态温度的检测，也可部分代替线绕型铂热电阻用于测温和控温。具有热容量小、反应快的特点。

3. 金属热电阻测量电路

金属热电阻传感器的测量线路一般采用不平衡电桥。在实际应用中，金属热电阻安装在生产环境中测量温度，电桥通常作为信号处理器或者显示仪表的输入单元，随相应的仪表安装在控制室当中。金属热电阻与测量电桥之间的连接导线的阻值会随环境温度的变化而变化，产生较大的误差。因此，工业上常采用三线制接法，使导线电阻分别加在电桥相邻的两个桥臂上，在一定程度上消除导线电阻变化对测量产生的影响，热电阻三线制电桥电路如图 4-17 所示。

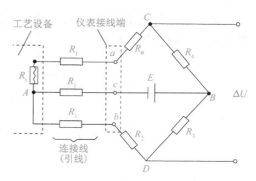

图 4-17　热电阻三线制电桥电路

4.2.4　热敏电阻传感器

1. 热敏电阻传感器

热敏电阻是利用半导体材料的阻值随温度的变化而变化的特性实现温度测量。主要用于点温度、小温差温度的测量，远距离、多点测量与控制，温度补偿和电路的自动调节等。测温范围为 $-50\sim450℃$。

热敏电阻的温度系数大，灵敏度高，响应速度快，而且测量电路简单，有些型号的传感器不用放大器就能输出几伏的电压。而且体积小，寿命长，价格便宜。由于本身阻值比较大，可以不考虑导线带来的误差，适用于远距离的测量和控制。在需要耐湿、耐碱、耐热、冲击以及振动的场合可靠性都比较高。但是，它的缺点是非线性严重，在电路中要进行线性补偿。

热敏电阻可以分为负温度系数热敏电阻（NTC）和正温度系数热敏电阻（PTC）两大类。正温度系数是指温度上升时，电阻值随之上升；负温度系数是指当温度上升时，电阻值反而下降。其特性曲线如图 4-18 所示。

其中曲线 1、2 为负温度系数热敏电阻，3、4 为正温度系数热敏电阻。1 又称为临界温度热敏电阻（CTR），4 又称为突变型 PTC。

（1）负温度系数热敏电阻（NTC）

负温度系数热敏电阻大多由锰、镍、钴、铁、铜等金属氧化物经过烧结而成的半导体材料制成，具有良好的性能，所以被大量作为传感器使

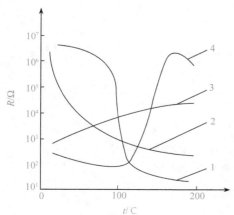

图 4-18　热敏电阻的电阻温度特性曲线

用，通常所用的热敏电阻都是负温度系数的热敏电阻。

根据不同的用途，负温度系数热敏电阻又可分为两大类：第一类为负指数型 NTC，用于测量温度；第二类为突变型 NTC，又称为临界温度热敏电阻（CTR）。CTR 当温度上升到某临界点时，其电阻值突然下降，主要用做温度开关。

（2）正温度系数热敏电阻既可作为温度敏感元件，又可在电子线路中起限流、保护作用。

热敏电阻可根据使用要求，封装加工成各种形状，有圆片形、柱形、珠形、铠装形、薄膜形、厚膜形等，如图 4-19 所示。

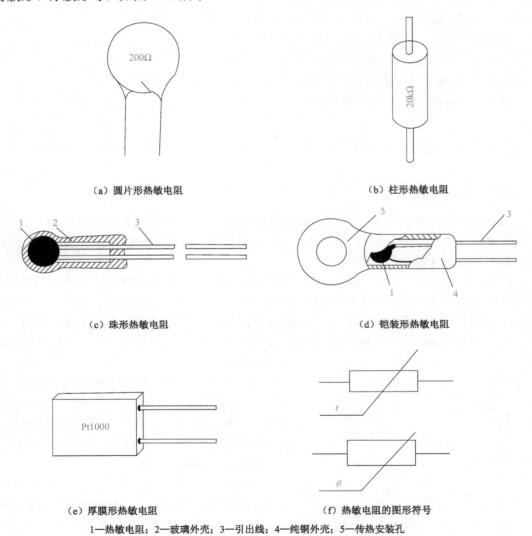

（a）圆片形热敏电阻　　　　　　　　　　　　　（b）柱形热敏电阻

（c）珠形热敏电阻　　　　　　　　　　　　　　（d）铠装形热敏电阻

（e）厚膜形热敏电阻　　　　　　　　　　　　　（f）热敏电阻的图形符号

1—热敏电阻；2—玻璃外壳；3—引出线；4—纯铜外壳；5—传热安装孔

图 4-19　热敏电阻的外形、结构及符号

2．热敏电阻元件的检测

热敏电阻元件是常用的电子元器件之一，尤其是负温度系数热敏电阻。负温度系数热敏电阻具有阻值随温度升高而降低的特点，可以使用万用表测量其性能，方法与测量普通固定电阻的方法相同。

采用电阻 R×1kΩ 挡，红黑表笔分别接热敏电阻两端直接测量。当热敏电阻两端温度升高时，其阻值下降；当温度下降时，阻值增大，说明热敏性能良好，否则热敏电阻性能不好。给热敏电阻加热时，可采用 20W 左右的小功率电烙铁，但要注意不要直接用烙铁头去接触热敏电阻或靠得太近，以防损坏热敏电阻。

4.2.5　集成温度传感器

集成温度传感器是利用晶体管 PN 结的伏安特性与温度的关系制成的一种固态传感器。它是把 PN 结及辅助电路集成在同一个芯片上，完成温度测量及信号输出功能的专用 IC。一般可分为模拟式、数字式和逻辑输出三大类。其突出优点是有理想的线性输出，体积小。由于 PN 结受耐热性能和特性范围的限制，集成温度传感器只能用来测量 150℃以下的温度。

1．模拟式集成温度传感器

传统的模拟温度传感器，如热电偶、热敏电阻等对温度的监控在一定温度范围内线性不好，需要进行冷端补偿或引线补偿，且热惯性大，响应时间慢。而集成模拟温度传感器与之相比，具有灵敏度高、线性度好、响应速度快等优点。而且由于将驱动电路、信号处理电路以及必要的逻辑控制电路集成在单片 IC 上，有实际尺寸小、使用方便等优点。

模拟式集成温度传感器可分为电流型和电压型两种，电流型的灵敏度多为 1μA/K（以热力学温度 0K 作为电流的零点），电压型的灵敏度多为 10mV/℃（以摄氏温度 0℃作为电压的零点）。

（1）电流输出型集成温度传感器

电流输出型集成温度传感器能产生一个与绝对温度成正比的电流作为输出。例如典型产品 AD590，其外形如图 4-20 所示，封装及引脚如图 4-21 所示。

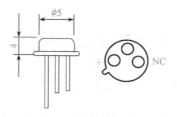

图 4-20　AD590 外形图　　　　图 4-21　AD590 封装及引脚图

（2）电压输出型集成温度传感器

电压输出型集成温度传感器能产生一个与温度成正比的电压作为输出。例如本项目中选用的 LM35。

2. 数字式集成温度传感器

数字式集成温度传感器可分为开关输出型、并行输出型、串行输出型等几种不同的形式。单片数字式集成温度传感器内部包含高达上万个晶体管，能将测温 PN 结传感器、高精度放大器、多位 A/D 转换器、逻辑控制电路、总线接口等做在一块芯片中，通过微处理器进行温度数据的传送，提供频率、周期或者定时三种灵活的输出方式。不会产生模拟信号传输时电压衰减造成的误差，抗电磁干扰能力较强。例如 DS18B20，其封装和引脚如图 4-22 所示。

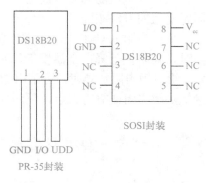

图 4-22　DS18B20 封装及引脚图

3. 逻辑输出集成温度传感器

在许多温度测量的应用中，并不需要严格测量温度值，只是需要在温度超出了一个设定范围时发出报警信号，由此启动或关闭空调、加热器等设备。此时可选用逻辑输出式温度传感器。因此，逻辑输出集成温度传感器也被称为温度开关，例如 LM56、MAX6501/02/03/04。

任务 3　项 目 实 施

4.3.1　框图

数字温度计框图如图 4-23 所示。数字温度计由温度传感器 LM35 采集到温度信号，经过信号处理电路送到 A/D 转换器，然后通过译码器驱动数码管显示温度。

图 4-23　数字温度计框图

4.3.2　温度传感器 LM35

1. 温度传感器 LM35 性能指标

温度传感器 LM35 外形如图 4-24 所示，是精密集成电路温度传感器，其输出的电压线性地与摄氏温度成正比，无须外部校准或微调，使用方便。

输出电压与摄氏温度一一对应，0℃时输出为 0V，每升高 1℃，输出电压增加 10mV。性能指标如下：

（1）工作电压：直流 4～30V；

（2）工作电流：小于 133μA；

（3）输出电压：+6V～−1.0V；

（4）输出阻抗：1mA 负载时 0.1Ω；

（5）精度：0.5℃精度（在+25℃时）；

（6）漏泄电流：小于 60μA；

（7）比例因数：线性+10.0mV/℃；

（8）非线性值：±1/4℃；

（9）校准方式：直接用摄氏温度校准；

（10）使用温度范围：−55～+150℃额定范围。

2. 封装与引脚

LM35 主要有四种封装，分别是金属 TO-46 封装、塑料 TO-92 封装、塑料 TO-220 封装和 SO-8 IC 封装，各种封装引脚如图 4-25 所示。

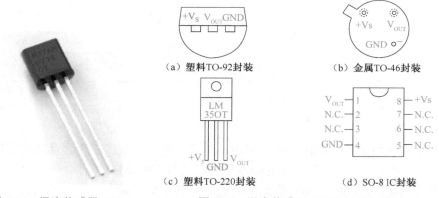

图 4-24　温度传感器 LM35　　　　图 4-25　温度传感器 LM35 封装与引脚

4.3.3　电路原理图

1. 电路原理图

数字温度计电路原理图如图 4-26 所示，由传感电路、温度信号处理、A/D 转换及数码管驱动、数码管显示四部分组成。

2. 工作过程

通过温度传感器 LM35 采集到温度信号，经过整形电路送到 A/D 转换器，然后通过译码器驱动数码管显示温度。ICL7107 集 A/D 转换和译码器于一体，可以直接驱动数码管，省去了译码器的接线，使电路精简了不少，而且成本也不是很高。ICL7107 只需要很少的外部元件就可以精确测量 0～200mV 电压，LM35 本身就可以将温度线性转换成电压输出。综上所述，采用 LM35 采集信号，用 ICL7107 驱动数码管实现信号的显示。

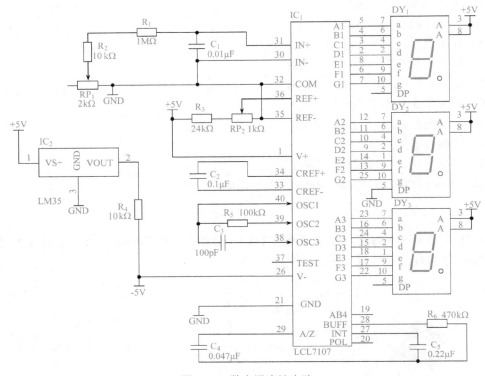

图 4-26　数字温度计电路

（1）传感电路

传感器电路采用了核心部件 LM35 温度传感器，功耗极低，在全温度范围工作时，电流变化很小。本项目中采用正、负双电源供电的方式，实现 LM35 的满量程温度测量，即–55～150℃的温度测量，如图 4-27 所示，LM35 的 2 脚输出电压范围为–550～1500mV。电阻 R 的取值可根据公式 $R=-V_S/50\mu A$ 计算。本项目中采用+5V、–5V 双电源供电，则电阻 R 的取值为 100kΩ。

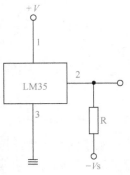

图 4-27　LM35 传感电路

（2）温度信号处理

由于 ICL7107 可测量 0～200mV 的电压值，而传感电路部分的输出电压范围为–550～1500mV，则采用了 10kΩ 与电位器组成分压电路，通过调节电位器的阻值，对传感电路的输出信号进行分压处理，实现了 ICL7107 对温度信号的精确测量。

（3）A/D 转换电路及数码管驱动

ICL7107 是高性能、低功耗的三位半 A/D 转换器，同时包含有七段译码器、显示驱动器、参考源和时钟系统，可直接驱动共阳极 LED 数码管，不需要外接有源电路，将高精度、通用性和低成本很好地结合在一起。ICL7107 的封装及引脚如

图 4-28 所示。

1 脚接电源正极，2 脚~8 脚接个位 7 段码输出，9 脚~14 脚和 25 脚接十位 7 段码输出，15 脚~18 脚和 22 脚~24 脚接百位 7 段码输出，19 脚接千位（千位只显示 1），20 脚为极性显示，21 脚为模拟信号公共端，26 脚接电源负极，27 脚为积分器外接积分电容输入端，28 脚为缓冲器输出端外接积分电阻，29 脚外接自动调零电容，30 脚接模拟信号负极输入，31 脚接模拟信号正极输入，32 脚为模拟信号的公共端，33 脚和 34 脚外接基准电容，35 脚和 36 脚为基准电压的负极和正极输入端，37 脚为逻辑电路公共地，38 脚、39 脚、40 脚为振荡端外接振荡电阻和电容。

ICL7107 是集 A/D 转换和译码器为一体的芯片，能够驱动三个数码管工作而不需要更多的译码器，这为电路连接提供了一定的方便。但是 ICL7107 芯片的引脚比较多，每一个引脚所代表的功能也各不相同，能够组成各种电路，在电路连接时要格外注意。

（4）数码管显示

数码管部分知识已在项目 3 中介绍过，这里不再详述。在本项目中，由于 ICL7107 只能驱动共阳极数码管，所以选用共阳极七段数码管。在连接数码管时，要注意数码管各个引脚所对应的字母，以防接错或漏接。

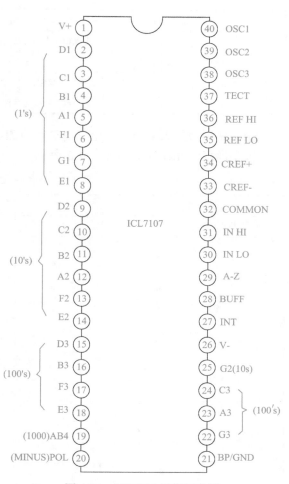

图 4-28 ICL7107 引脚示意图

4.3.4 数字温度计制作

1. 设备及元器件

设备及元器件要求如表 4-5 所示。

2. 元器件识别与检测

（1）根据元器件清单，清点组件；
（2）识别温度传感器 LM35、集成电路 ICL7107 引脚；
（3）识别数码管引脚，检测电容性能；

表4-5 设备及元器件

序 号	设备及元器件	数 量
1	直流稳压电源（双输出）	1台
2	万用表	1块
3	电烙铁、尖嘴钳、偏口钳等工具	1套
4	数字温度计套件	1套

（4）使用万用表对电阻和电位器进行检测，并记录色环电阻的阻值。

数字温度计元器件清单如表4-6所示。

表4-6 数字温度计元器件清单

元器件名称	元器件符号	型 号	数 量
集成驱动器	IC$_1$	ICL7107	1
温度传感器	IC$_2$	LM35	1
电阻	R$_1$	1MΩ	1
	R$_2$	10kΩ	1
	R$_3$	24kΩ	1
	R$_4$、R$_5$	100kΩ	2
	R$_6$	470kΩ	1
电位器	RP$_1$	2kΩ	1
	RP$_2$	1kΩ	1
电容	C$_1$	0.01μF	1
	C$_2$	0.1μF	1
	C$_3$	100pF	1
	C$_4$	0.047μF	1
	C$_5$	0.22μF	1
数码管	LED	共阳极七段	3
印刷电路板			1
集成电路插座		40 脚	1

3. 焊接组装

（1）焊接前准备

① 按照工艺要求对元器件引脚进行整形处理；

② 对照原理图和印刷电路板图,查找元器件在印刷电路板上的位置。电路板图如图4-29所示。

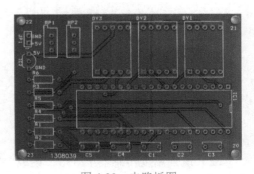

图4-29 电路板图

（2）焊接工艺要求

① 电阻器、电位器卧式贴板焊接；

② 电容器根据焊盘孔距，引脚成形后焊接；

③ 集成电路采用插座贴板焊接；

④ 温度传感器 LM35 直立插件焊接；

⑤ 将三根 6cm 长单芯导线，两头剥约 4mm 挂锡；

⑥ 焊点光亮，不能虚焊、连焊、错焊、漏焊、铜箔脱落，同时还要注意用锡要适量。焊完之后，将引脚剪掉，焊板上保留焊点高度 0.5～1mm；

⑦ 焊接时应注意数码管连接正确。

4．电路调试

（1）调试准备

① 电路焊接完成后，再次检查各元件焊接位置是否正确、有无虚焊和连焊等。

② 将集成驱动器 ICL7107 按标志方向插入集成电路插座。

③ 将稳压电源第一路输出的负端连接在第二路输出的正端上，然后将电路板上连接 +5V 的导线接至稳压电源第一路输出正端上，将电路板上连接 GND 的导线接至稳压电源第一路输出的负端或者第二路输出的正端上，将电路板上连接–5V 的导线接至稳压电源第二路输出的负端上。实现正、负双电源供电。

④ 把稳压电源两路输出均调整为 5V。

⑤ 再次检查连接是否正确，接通 5V 电源。

（2）电路调试

① 接通电源，用万用表测量 LM35 的 2 脚和 3 脚之间的电压值；

② 调节电位器 RP_1，并测量 ICL7107 的 31 脚的对地电压，使其电压值为 LM35 输出电压的 1/10 左右；

③ 观察当前数码管的读数，并与一常用温度计作比较，判断当前显示是否与室温接近；

④ 用电烙铁靠近 LM35，观察数码管温度显示是否上升；移开电烙铁观察数码管温度显示是否逐渐恢复室温值。

（3）故障排除

① 接通电源，观察数码管是否亮，若不亮时，要对电路电源进行检测，看是否线路接触不良或者电路短路。

② 数码管显示异常或与实际温度值相差过大，查看集成驱动器 ICL7107 安装是否正确，各元件值是否正确，用万用表测量 LM35 的 2 脚和 3 脚之间的电压值和 ICL7107 的 31 脚的对地电压是否正常。

任务4　项目考核

项目考核评价表如表 4-7 所示。

表 4-7　项目考核评价表

班　级			组　别			日　期		
小组成员分工	组　长						得分：	
	检测员						得分：	
	装接工						得分：	
	调试工						得分：	
	记录员						得分：	
考　核　内　容			为其他组相应项目评分					
1. 元器件检测：对照清单正确清点检测。（20分）								
2. 电路板焊接： （1）元件布局合理，焊接正确；（30分） （2）焊点圆、滑、亮。（20分）								
3. 功能调试：数码管显示正常。 （1）按要求调试，功能正确；（15分） （2）故障排除。（5分）								
4. 安全文明：安全操作，文明生产。 （1）完成6S要求，有创新意识；（5分） （2）遵纪守规，互助协作。（5分）								
教师为本组评分：								

备注：教师根据资料记录和整理情况给记录员打分，记录员负责本组成员打分，本组成员共同商定给其他组打分。

项目测试

1. 选择题

（1）以下哪种温度测量仪器属于接触式测量的为（　　）。

　　A．水银体温计　　　B．亮度温度计　　　C．辐射温度计　　　D．比色温度计

（2）常用于运动物体的温度和快速变化温度的测量方式为（　　）。

　　A．接触式测量　　　　　　　　　B．非接触式测量

　　C．膨胀式温度计测量　　　　　　D．电阻式温度计测量

（3）组成热电偶的导体A、B称为（　　），置于温度为T的被测对象中的节点称为（　　）端，置于参考温度为T0的另一节点称为（　　）端。

　　A．热端　　　　　　B．热电极　　　　　　C．冷端　　　　　D．半导体

（4）测量时用黏结剂紧贴在被测表面的热电偶为（　　），可以做得很细很长，使用中随需要能任意弯曲的热电偶为（　　）。

　　A．普通热电偶　　　B．铠装热电偶　　　C．薄膜热电偶　　　D．普通型热电偶

（5）利用金属材料的阻值随温度升高而增大的特性来测量温度的传感器为（　　）。

　　A．热电偶　　　　　　B．热敏电阻　　　　　　C．金属热电阻　　　D．水银温度计

（6）在进行温度测量时需要使用补偿导线的传感器为（　　）。

　　A．热电偶　　　　　　B．热敏电阻　　　　　　C．金属热电阻　　　D．水银温度计

（7）常用的工业标准化热电阻不包括（　　）。

　　A．铂热电阻　　　　　B．铜热电阻　　　　　　C．镍热电阻　　　　D．银热电阻

（8）常用热电阻中（　　）的性能最好，可制成标准温度计。

　　A．铂热电阻　　　　　B．铜热电阻　　　　　　C．镍热电阻　　　　D．银热电阻

2．判断题

（1）温度测量可分为接触式测量和非接触式测量，且两种方法均可以方便测量运动物体的温度。（　　）

（2）热电偶的热电动势大小仅与测量端的温度有关。（　　）

（3）热电偶在工业环境下常采用冷端恒温法或者计算校正法。（　　）

（4）热敏电阻的阻值随温度的升高而升高。（　　）

（5）温度传感器 LM35 是精密集成电路温度传感器，其输出的电压与摄氏温度成正比，每升高 1℃，输出电压增加 10mV。（　　）

（6）ICL7107 只能驱动数码管，不能实现其他的电路功能。（　　）

（7）ICL7107 只能驱动共阳极数码管。（　　）

3．简答题

（1）什么是热电效应？简述热电偶测温的基本原理。

（2）试比较热电偶、热电阻、热敏电阻的异同。

（3）简述如何用万用表检测热敏电阻。

（4）简述如何根据应用选择集成温度传感器。

（5）简述设计一款数字温度计，主要应包含哪几部分电路。

4．项目拓展

（1）尝试制作采用单片机作为控制单元设计数字温度计。

（2）查阅资料，总结出一种温度传感器的技术指标和使用方法。

知识拓展

温度传感器的选择

1．温度传感器选用时需要考虑以下几个问题：

（1）被测对象的温度是否需要记录、报警和自动控制，是否需要远距离测量和传送；

（2）测温范围的大小和精度要求；

（3）测温元件大小是否适当；

（4）在被测对象温度随时间变化的场合，测温元件的滞后能否适应测温要求；

（5）被测对象的环境条件对测温元件是否有损害；

（6）传感器价格，使用是否方便。

2．在工业测控系统中选择温度传感器时，首先要明确被测对象的温度范围，如一般温度测量、常温区温度测量、低温区温度测量等。

（1）一般温度测量可选用热电偶或辐射式温度传感器。如果被测对象的测温精度要求较高，可用接触方式进行测量，或可使传感器比较接近被测对象，宜选用热电偶作为温度传感器；对于只能用非接触方式进行测量，或被测对象为运动的高温物体，宜选用辐射式测温仪，尤其在需要抗振性能好，传感器结构轻便及需要温度控制时，应选择光纤温度传感器。

（2）常温区的温度测量。如果需将传感器转换后的电信号进行长距离传送，且温度在 –55～150℃之间时，则可选择半导体集成温度传感器；如果待测温区范围较窄，精度要求不高，且希望轻巧、廉价，如空调、冰箱及一般家电中使用，可采用热敏电阻；如果要求测温的精度高，并可配备较精确的测量放大电路，则可选择热电阻，如铂电阻传感器。

（3）低温区的温度测量。宜选用适用于低温测量的特殊热电偶或者铂电阻，经过校正的铂电阻，一般测量精度较高且互换性好。

此外，如果要求被测系统对温度能快速反应，则应选用时间常数小的温度传感器。还应考虑被测对象所处的环境是否具有腐蚀性，以及振动、冲击或者其他机械因素，根据具体环境进行选择或作相应处理。

项目小结

1．温度是一个基本的物理量，也是一个重要的环境参数。温度测量分为接触式测量和非接触式测量两类。

2．热电偶的工作原理是基于热电效应，将温度的变化转化为电势。两种不同材料导体所组成的回路就称为热电偶，组成热电偶的导体称为热电极。

3．热电阻传感器主要是利用金属材料的阻值随温度升高而增大的特性来测量温度。

4．热敏电阻是利用半导体材料的阻值随温度的变化而变化的特性实现温度测量。分为负温度系数热敏电阻（NTC）和正温度系数热敏电阻（PTC）两大类。负温度系数是指电阻值随温度上升而下降；正温度系数是指电阻值随温度上升而上升。

5．集成温度传感器是把 PN 结及辅助电路集成在同一个芯片上，利用晶体管 PN 结的伏安特性与温度的关系制成的专用 IC。一般可分为模拟式、数字式和逻辑输出三大类。

6．温度传感器 LM35 是精密集成电路温度传感器，其输出的电压与摄氏温度成线性正比。0℃ 时输出为 0V，每升高 1℃，输出电压增加 10mV。

项目 5

人体防盗报警器制作

知识目标

1. 认识热释电传感器；
2. 知道热释电传感器的原理和特性；
3. 了解热释电传感器的应用。

技能目标

1. 会选择使用热释电元件；
2. 熟练焊接、组装人体探测/防盗报警器；
3. 能使用热释电传感器制作报警器。

任务1 项目任务书

5.1.1 项目描述

随着时代的不断进步，人们对所处环境的安全性提出了更高的要求，尤其在家居安全方面。由于红外线是不可见光，有很强的隐蔽性和保密性，因此在防盗、警戒等安保装置中得到了广泛的应用。此外，在电子防盗、人体探测等领域热释电红外传感器以其价格低廉、技术性稳定等特点受到了广大用户的欢迎。

具有红外探测、报警和电源的热释电红外防盗报警器，可以安装在门窗附近，当有人或动物靠近时，人体或动物自身的热量将触发自动报警，发出警笛报警声。图 5-1 为热释电红外防盗报警器。

图 5-1　热释电红外防盗报警器

5.1.2 项目任务

根据给定的元器件、印刷电路板和电路图，按照电子产品制作工艺，通过焊接、组装和调试，制作一个热释电红外人体探测/防盗报警器。

任务2 信息收集

5.2.1 热释电红外报警器分类及原理

热释电红外报警器分为主动热释电红外报警器和被动热释电红外报警器。双光束主动红外对射报警器如图 5-2 所示，被动红外报警器如图 5-3 所示。

1. 主动热释电红外报警器

主动热释电红外报警器由发射机和接收机组成，是红外线光束遮挡型报警器。发射机由电源、发光源和光学系统组成，接收机由光学系统、光电传感器、放大器、信号处理器等组成。发射机中的红外发光二极管发射调制的红外光束（波长为 0.8~0.95μm），经光学系统变成平行光发射出去。接收机接收后，红外光电传感器把光信号转换成电信号，经电路处理送给报警控制器。红外线光束经过防范区到达接收机，构成了一条警戒线。正常情况下，接收机收到的是稳定的光信号，当有人入侵警戒线时，红外线光束被遮挡，控制器发出报警信号。

图 5-2　双光束主动红外对射报警器　　　　图 5-3　被动红外报警器

2. 被动热释电红外报警器

被动热释电红外报警器是根据外界红外能量的变化判断是否有人。人的体温恒定在 37℃左右，会发出波长 10μm 左右的红外线。当人通过探测区域时，由于人体的红外能量与环境的差别，报警器感测到红外能量的改变，通过分析发出报警。

被动热释电红外报警器主要探测人体的红外辐射，所以热释电元件对波长为 10μm 左右的红外辐射必须非常敏感，因此在辐射照面要覆盖菲涅尔滤光片，使环境干扰明显减少。其特点是：（1）不需要用红外线或电磁波等发射源；（2）灵敏度高，控制范围大；（3）隐蔽性好，可流动安装。

5.2.2　热释电元件

1. 定义

自然界的物体，如人体、火焰等都会发射不同波长的红外线。36～37℃的人体发射波长为 9～10μm 的红外线，加热到 400～700℃的物体发射波长为 3～5μm 的红外线。红外线传感器可以检测到这些物体发射出的红外线，以用来测量、成像或控制。

热释电传感器是一种红外光传感器，也称为热释电红外传感器。热释电红外传感器内部通常由光学透镜、场效应管、红外感应源（热释电元件）、偏置电阻、EMI 电容等元器件组成。目前热释电传感器广泛应用于各类非接触测温自动开关、入侵报警和火焰监测等装置。

某些电介物质，如锆钛酸铅（PZT），表面温度发生变化时，介质表面就会产生电荷，这种现象称为热释电效应，具有这种效应的介质制成的元件称为热释电元件。图 5-4 所示为热释电传感器外形，图 5-5 所示为热释电元件的结构。光线从（1）窗进入，经过（2）滤光片到达（3）热释电元件，从而产生电信号，电信号经过（4）引线输出。热释电元件受到光照时能将光能转变成热能，受热后会在晶体两端产生极性相反、电量相等的电荷，从而形成电势差。有负载时，会在负载上形成电流。

图 5-4　热释电传感器

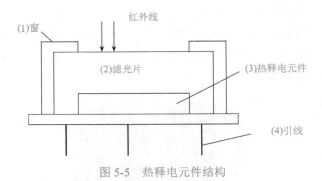

图 5-5　热释电元件结构

2. 结构

热释电红外传感器有金属封装（如图 5-6（a）所示）和塑料封装（如图 5-6（e）所示）两种。顶部（金属壳）或侧面（塑料壳）装有滤光镜片，用于接收要检测的红外光信号。图 5-6（d）、（f）是其内部结构示意图。

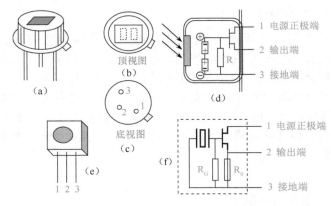

图 5-6　热释电传感器封装

目前常用的热释电红外传感器型号主要有P228、LHI958、LHI954、RE200B、KDS209、PIS209、LHI878、PD632 等。通常采用 3 引脚金属封装，各引脚分别为电源供电端（内部开关管D极，DRAIN）、信号输出端（内部开关管S极，SOURCE）、接地端（GROUND）。

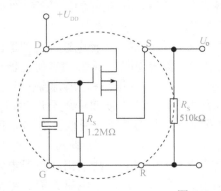

图 5-7　热释电传感器引脚图

3. 工作原理

热释电红外传感器由陶瓷氧化物或压电晶体元件组成，在元件两个表面做成电极，在传感器监测范围内温度有 ΔT 的变化时，热释电效应会在两个电极上产生电荷 ΔQ，即在两电极之间产生微弱的电压 ΔV。由于它的输出阻抗极高，在传感器中用场效应管进行阻抗变换。热释电效应所产生的电荷 ΔQ 会被空气中的离子结合而消失，即当环境温度稳定不变时，$\Delta T=0$，传感器无输出。

在自然界，任何高于绝对温度（−273℃）的物体都将产生红外光谱，不同温度的物体，其释放的红外能量的波长是不一样的，因此红外波长与温度的高低有关。

人体或者体积较大的动物都有恒定的体温，一般在 37℃，所以会发出 10μm 左右特定波长的红外线。当人体进入检测区时，因人体温度与环境温度有差别，人体发射的 10μm左右的红外线，通过菲涅尔透镜滤光片增强后，聚集到红外感应源（热释电元件）上，在接收到人体红外辐射时，红外感应源就会失去电荷平衡，向外释放电荷而产生 ΔQ，并将 ΔQ向外围电路输出，后续电路经检测处理后就能产生报警信号。

若人体进入检测区后不动，则温度没有变化，传感器也没有信号输出，所以这种传感器适合检测人体或者动物的活动情况。

4. 工作参数

（1）工作电压：常用的热释电红外传感器工作电压范围为 3～15V。
（2）工作波长：通常为 7.5～14μm。
（3）源极电压：通常为 0.4～1.1V，$R=47\text{k}\Omega$。
（4）输出信号电压：通常大于 2.0V。

5.2.3　菲涅尔透镜

热释电传感器用于红外防盗报警器时，其表面应罩上一块由一组平行的棱柱形透镜所组成的菲涅尔透镜，如图 5-8 所示。

图 5-8　菲涅尔透镜

菲涅尔透镜是由聚烯烃材料注压而成的薄片，颜色为乳白色或黑色，呈半透明状，但对波长为 10μm 左右的红外线来说却是透明的。镜片表面一面为光面，另一面刻录了由小到大的同心圆。菲涅尔透镜相当于红外线及可见光的凸透镜，效果较好，但成本比普通的凸透镜低很多。菲涅尔透镜可按照光学设计或结构进行分类。菲涅尔透镜作用有两个，一是聚焦作用；二是将探测区域内分为若干个明区和暗区，使进入探测区域的移动物体能以温度变化的形式在热释电元件上产生变化的热释红外信号。

当把透镜放在传感器正前方的适当位置时，运动的人体一旦出现在透镜的前方，人体辐射出的红外线通过透镜后在传感器上形成不断交替变化的阴影区（盲区）和明亮区（可见区），使传感器表面的温度不断发生变化，从而输出电信号。也可以这样理解，人体在检测区内活动时，一离开一个透镜单元的视场，又会立即进入另一个透镜单元的视场（因为相邻透镜单元之间相隔很近），传感器上就出现随人体移动的盲区和可见区。进入警戒区的移动物体能以温度变化的形式在热释电元件上产生变化的热释红外信号，这样热释电元件就能产生变化的电信号。其原理图如图 5-9 所示。

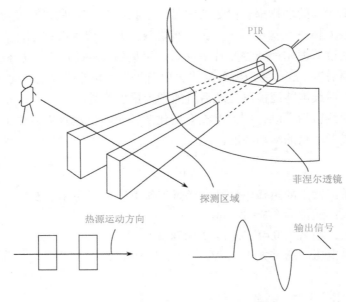

图 5-9　热释电传感器人体探测原理图

在不使用菲涅尔透镜时，传感器的探测半径不足 2m，只有配合菲涅尔透镜使用才能发挥最大作用，探测半径可达到 10m。

5.2.4　信号处理电路

热释电传感器可以将人体红外信号转换为电信号。信号处理电路是把这个微弱的电信号进行放大、滤波、延迟、比较，以实现报警功能。

BISS0001 是一款具有较高性能的传感信号处理集成电路，配以热释电红外传感器和少量外接元器件构成被动式热释电红外开关。它能自动快速开启各类白炽灯、荧光灯、蜂鸣器、自动门、电风扇、烘干机和自动洗手池等装置，特别适用于企业、宾馆、商场、库房及家庭的过道、走廊等敏感区域，或用于安全区域的自动灯光、照明和报警系统。

BISS0001 由运算放大器、电压比较器、状态控制器、延迟时间定时器以及封锁时间定时器等构成的数模混合专用集成电路。BISS0001 引脚图和外形图，如图 5-10 所示。

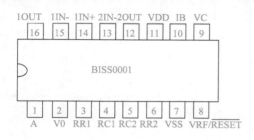

图 5-10　BISS0001 引脚图和外形图

BISS0001 特点：

采用 CMOS 工艺；

数模混合电路；

具有独立的高输入阻抗运算放大器；

内部有双向鉴幅器可有效抑制干扰；

内设延迟时间定时器和封锁时间定时器；

采用 16 脚 DIP 封装。

BISS0001 引脚功能说明如表 5-1 所示。

表 5-1　BISS0001 引脚功能说明

引脚	名称	I/O	功能说明
1	A	I	可重复触发和不可重复触发选择端。当 A 为"1"时，允许重复触发；反之，不可重复触发
2	V_O	O	控制信号输出端。由 VSS 的上跳前沿触发，使 VO 输出从低电平跳变到高电平时为有效触发。在输出延迟时间 T_x 之外和无 VSS 的上跳变时，VO 保持低电平状态
3	RR1	—	输出延迟时间 T_x 的调节端
4	RC1	—	输出延迟时间 T_x 的调节端
5	RC2	—	触发封锁时间 T_i 的调节端
6	RR2	—	触发封锁时间 T_i 的调节端
7	VSS	—	工作电源负端
8	VRF	I	参考电压及复位输入端。通常接 VDD，当接"0"时可使定时器复位
9	VC	I	触发禁止端。当 VC=VR 时允许触发（VR≈0.2VDD）
10	IB	—	运算放大器偏置电流设置端
11	VDD	—	工作电源正端
12	2OUT	O	第二级运算放大器的输出端
13	2IN-	I	第二级运算放大器的反相输入端
14	1IN+	I	第一级运算放大器的同相输入端
15	1IN-	I	第一级运算放大器的反相输入端
16	1OUT	O	第一级运算放大器的输出端

任务 3 项目实施

5.3.1 框图

红外报警器框图如图 5-11 所示。红外报警器主要由光学系统、热释电红外传感器、信号处理和报警电路等几部分组成。

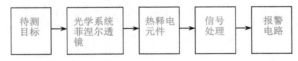

图 5-11 红外报警器结构框图

由图 5-11 可知,菲涅尔透镜可以将人体辐射的红外线聚焦到热释电红外探测元上,同时也产生交替变化的红外辐射高灵敏区和盲区,以适应热释电探测元件要求信号不断变化的特征。

5.3.2 电路原理图

红外线报警器原理图如图 5-12 所示。

1. 电路结构

电路包括热释电元件电路、信号处理电路和报警电路三部分组成。

（1）热释电元件电路由 Y_1 及外围元件构成；

（2）信号处理电路由 IC_1 及外围元件构成；

（3）报警电路由音乐芯片 IC_2、驱动电路和蜂鸣器 BL 构成。

2. 工作过程

IC_1 内部的运算放大器 OP_1 作为第一放大器将热释电红外传感器 Y_1 的输出信号放大,然后由电解电容 C_5 耦合给 IC_1 内部的运算放大器 OP_2 进行第二次放大,再经电压比较器 COP_1 与 COP_2 构成的双向鉴幅器处理后,检出有效触发信号 V_S 去启动延迟时间定时器,IC_1 的 2

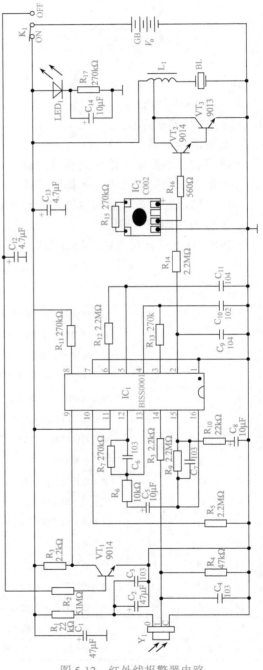

图 5-12 红外线报警器电路

脚输出信号 V_o 驱动报警音乐片 IC_2 工作，VT_2 和 VT_3 构成复合三极管来推动压电蜂鸣片发出声音。

3. 报警控制

当电源开关 K_1 在 "OFF" 位置时，电源经过 R_2 使 VT_1 饱和导通，则 IC_1 的 9 脚保持为低电平，从而封锁热释电红外传感器传来的触发信号 V_s，电路不工作。当电源开关 K_1 在 "ON" 位置时，热释电红外传感器经过 R_1 得电处于工作状态，VT_1 处于截止状态使 IC_1 的 9 脚保持为高电平，IC_1 处于工作状态。C_1、C_{13} 是电源滤波电容，LED_1 和 R_{17} 构成电源指示电路。

5.3.3　报警器制作

1. 设备及元器件

设备及元器件清单如表 5-2 所示。

表 5-2　热释电红外报警器元器件清单

序号	名称	符号	规格	数量	序号	名称	符号	规格	数量
1	电阻	R_1、R_{10}	22kΩ	2 只	17	三极管	VT_1、VT_2	9013	2 只
2	电阻	R_2	5.1MΩ	1 只	18	三极管	VT_3	9014	1 只
3	电阻	R_3、R_5、R_9、R_{12}	2.2MΩ	4 只	19	热释传感器	Y_1	D203S	1 只
4	电阻	R_4	47kΩ	1 只	20	集成电路	IC_1	BISS0001	1 片
5	电阻	R_6	10kΩ	1 只	21	集成电路	IC_2	C002	1 片
6	电阻	R_7	470kΩ	1 只	22	压电蜂鸣片	BL	27mm	1 片
7	电阻	R_8、R_{14}	2.2Ω	2 只	23	菲涅尔透镜		59mm×46mm	1 片
8	电阻	R_{11}、R_{13}、R_{15}、R_{17}	270kΩ	4 只	24	导线	接电源	红色、黑色	各 1 根
9	电阻	R_{16}	560Ω	1 只	25	导线	接蜂鸣片	黄色	2 根
10	瓷片电容	C_3、C_4、C_6、C_7	103	4 只	26	自攻螺钉		2×5	3 颗
11	瓷片电容	C_{10}	102	1 只	27	拨动开关	K_1	SK12D07VG4	1 个
12	瓷片电容	C_9、C_{11}	104	2 只	28	电池片	正极、负极		各 1 片
13	电解电容	C_1、C_2、C_{12}、C_{13}	47μF	4 只	29	电池片	连体簧		3 个
14	电解电容	C_5、C_8、C_{14}	10μF	3 只	30	线路板		48mm×41mm	1 块
15	三脚电感	L_1		1 只	31	塑料件			1 套
16	发光二极管	LED_1	ϕ3 红色	1 只	32	说明书			1 份

2. 元器件识别与检测

（1）根据元器件清单，清点组件；

（2）识别热释电元件和集成电路 BISS0001 引脚；

（3）识别二极管、稳压管、三极管和三脚电感引脚；

（4）使用万用表对元器件进行检测，记录好各色环电阻的阻值。

3. 焊接组装

（1）焊接前准备

① 按照工艺要求对元器件引脚进行整形处理；

② 对照原理图和印刷电路板图，查找元器件在印刷电路板上的位置。印刷电路板图如图 5-13 所示。

（2）电路焊接工艺要求

① 电阻器、稳压管卧式贴板焊接；

② 电容器、三脚电感立式贴板焊接；

③ 二极管、三极管立式贴板焊接；

④ 集成电路采用插座贴板焊接；

⑤ 将四根 6cm 长单芯导线，两头剥约 4mm 挂锡；

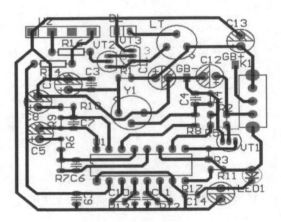

图 5-13　印刷电路板图

⑥ 焊接中注意焊点要光亮，不能虚焊、连焊、错焊、漏焊、铜箔脱落，同时还要注意用锡要适量。焊完之后，将引脚剪掉，焊板上保留焊点高度 0.5～1mm。

⑦ 焊接时应注意元器件极性连接正确。

（3）焊接与组装步骤

① 焊接电阻器（共 17 只）：其中振荡电阻 R_{15} 与集成电路 IC_2 报警片焊接。

② 焊接瓷片电容器（共 7 只）。

③ 焊接电解电容器（共 7 只）：注意电解电容器有极性之分。

④ 焊接发光二极管和三脚电感：注意将三脚电感的长脚插在电路板上 L_1 处有圈圈的孔中，其他两个脚顺着插在其他两个孔中即可。

⑤ 焊接金属跳线和三极管 VT_2、VT_3，注意 VT_1 不用焊接，因为其工作状态由开关 K_1 代替了。

⑥ 焊接集成电路 IC_1、热释传感器 Y_1 和开关 K_1。

⑦ 焊接报警集成电路 IC_2：注意先上锡。

⑧ 将导线焊接在蜂鸣片上。

⑨ 将蜂鸣片和电池线与电路板进行焊接。

⑩ 安装菲涅尔透镜：用剪刀将菲涅尔透镜四周白色无纹路的框边剪掉，放置在面壳中

呈圆弧形，同时用固定塑料框加以固定，用电烙铁将四个突出塑料点烫熔完成固定。

⑪ 将电池片装入后壳中。

⑫ 处理好前壳中的共鸣腔、共鸣塑料罩和压电蜂鸣片：将圆形共鸣腔置入面壳中，用电烙铁将三个突出塑料点烫熔完成固定；将压电蜂鸣片放在圆槽中，用电烙铁将周边突出塑料点烫熔完成固定，保证固定紧，这样发出的声音才洪亮。

焊接组装成品如图 5-1 所示。

4．电路调试

（1）调试准备

① 电路焊接完成后，再次检查各元件焊接位置是否正确、有无虚焊和连焊等；

② 将电路板装入壳中并用三颗螺钉固定；

③ 将前壳、后壳扣在一起，然后装入 3 节 7 号电池。

（2）电路调试

被动红外报警器的调试一般是步测，就是调试人员在警戒区内走 S 形的线路来感知警戒范围的长度、宽度等，以测试整个报警系统是否达到要求。只要元器件质量良好且焊接无误，几乎不用调试即可正常工作。

① 将组装好的报警器放在桌子上并拨动开关 K_1 至"ON"，可产生报警声，延时一段时间后自动停止；

② 人体靠近警戒区，报警器发出报警声。

（3）故障排除

若拨动开关 K_1 至"ON"，发光二极管闪了一下后就没有亮，且没有发出预想中的报警声，可能原因有：

① 电路板上的元件焊接出错或虚焊，要仔细检查焊接情况；

② 蜂鸣器损坏（蜂鸣片焊接时应注意温度把握），可通过用电压表测蜂鸣器两端电压来判断。

完成整机测试后，即可在后盖上装好万向轮进行安装了，安装时应注意以下事项：

① 探头应避免直对室外，以免闲人走动引起误报；

② 探头应远离冷热源，例如空调出风口、暖气、冷气机、火炉等；

③ 安装使用时应避免阳光、汽车灯光直射探头；

④ 安装在墙角或者墙面上，建议安装高度在离地面 1.5～3m 位置，防止因小动物窜动而误报。

任务 4　项 目 考 核

项目考核评价表如表 5-3 所示。

表 5-3　项目考核评价表

班　级		组　别		日　期	
小组成员分工	组　长			得分：	
	检测员			得分：	
	装接工			得分：	
	调试工			得分：	
	记录员			得分：	
考　核　内　容		为其他组相应项目评分								
1. 元器件检测：对照清单正确清点检测。（20 分）										
2. 电路板焊接： （1）元件布局合理，焊接正确：（30 分） （2）焊点圆、滑、亮。（20 分）										
3. 功能调试：蜂鸣器报警。 （1）按要求调试，功能正确：（15 分） （2）故障排除。（5 分）										
4. 安全文明：安全操作，文明生产。 （1）完成 6S 要求，有创新意识；（5 分） （2）遵纪守规，互助协作。（5 分）										
教师为本组评分：										

备注：教师根据资料记录和整理情况给记录员打分，记录员负责本组成员打分，本组成员共同商定给其他组打分。

项目测试

1. 选择题

（1）热释电传感器是一种（　　）传感器。

　　A．可见光　　　　　B．红外光　　　　　C．紫外光　　　　　D．激光

（2）某些电介物质，如锆钛酸铅（PZT），表面温度发生变化时，介质表面就会产生电荷，这种现象称为（　　）效应。

　　A．压电　　　　　　B．光电　　　　　　C．热电　　　　　　D．热释电

2. 填空题

（1）红外报警器分为（　　）红外报警器和（　　）红外报警器。

（2）被动红外报警器主要是根据（　　）的变化来判断是否有人在移动。

3. 简答题

（1）什么是热释电传感器？主要应用于哪些方面？

（2）什么是热释电效应？

（3）在日常生活中，有哪些使用热释电传感器的例子？

4. 思考题

该项目中菲涅尔透镜的作用是什么？若不安装菲涅尔透镜对电路功能有什么影响？

5. 项目拓展

尝试制作采用单片机作为控制单元的红外报警器。

知识拓展

红外线传感器

红外线传感器是利用红外线的物理性质来进行测量的传感器。红外线又称红外光，它具有反射、折射、散射、干涉、吸收等性质。任何物质，只要它本身具有一定的温度（高于绝对零度），都能辐射红外线。红外线传感器测量时不与被测物体直接接触，因而不存在摩擦，并且有灵敏度高，响应快等优点。

红外线传感器正在现代化的生产实践中发挥着它的巨大作用，可以用于非接触式的温度测量，气体成分分析，无损探伤，热像检测，红外遥感以及军事目标的侦察、搜索、跟踪和通信等。

图 5-14　红外成像仪

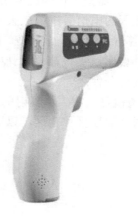

图 5-15　非接触式红外测温仪

1. 红外线无线鼠标器

用无线发射器把鼠标在 X 轴或 Y 轴上的移动，按键按下或抬起的信息转换成无线编码信号（红外线）并发送出去，无线接收器收到信号后经过解码传递给主机，驱动程序告诉操作系统鼠标的动作，该把鼠标指针移向哪个方向或是执行何种指令。采用红外线技术的无线鼠标，传输的距离有 1.5～2m，鼠标与接收器之间不能有障碍物，鼠标发射头必须对着接收器，否则就会失灵。其优点是耗电量比采用无线电技术的无线鼠标更小。

2. 红外遥控器

在我们的家用电器中，很多都用到红外遥控器，比如电视遥控器，用红外遥控器控制智能冰箱、洗衣机、空调等，还有私家汽车车门等都能看到红外遥控器的用武之地。

图 5-16　红外线无线鼠标器

3. 红外无损探伤仪

将红外辐射对金属板进行均匀照射，利用金属对红外辐射的吸收与缝隙（含有某种气体或真空）对红外辐射的吸收所存在的差异，可以探测出金属断裂空隙。

项目小结

1. 热释电传感器是一种红外光传感器，内部通常由光学透镜、场效应管、红外感应源（热释电元件）、偏置电阻、EMI 电容等元器件组成。目前热释电传感器广泛应用于各类非接触测温自动开关、入侵报警和火焰监测等装置。

2. 热释电传感器把人体的红外信号转换为电信号，采用 BISS0001 集成信号处理电路主要是把这个微弱的电信号进行放大、滤波、延迟、比较，为报警功能的实现打下基础。

3. 红外报警器主要由光学系统、热释电红外传感器、信号处理和报警电路等几部分组成。热释电红外传感器是报警器设计中的核心器件，它可以把人体的红外信号转换为电信号以供信号处理部分使用。

4. 菲涅尔透镜可以将人体辐射的红外线聚焦到热释电红外探测元上，同时也产生交替变化的红外辐射高灵敏区和盲区，以适应热释电探测元要求信号不断变化的特征。

项目6

可控机器猫制作

知识目标

1. 理解光电传感器的工作原理;
2. 了解光电效应的原理;
3. 掌握常用光电元件的原理和特性;
4. 掌握光电传感器的应用。

技能目标

1. 认识光电传感器;
2. 能够识别区分常用的光电元件;
3. 会选择使用光电元件;
4. 能够熟练组装可控机器猫。

任务1　项目任务书

6.1.1　项目描述

现在市面上有很多令人眼花缭乱的玩具，而电动车、电动猫等电动玩具，不仅价格便宜，而且趣味性强、能动性好，深受广大家长和儿童们的欢迎。本项目要制作一个可进行声控、光控和磁控的机器猫，如图6-1所示。

6.1.2　项目任务

根据给定机器猫的元器件、印刷电路板和电路图，按照电子产品制作工艺，组装一个机器猫玩具，并制作一块核心控制板，通过组装、调试，使机器猫具有声控、光控和磁控功能。

图 6-1　可控机器猫

任务2　信息收集

机器猫通电后，由电动机驱动机器猫行走；点亮置于眼部的灯，双眼闪烁；触发音乐芯片，发出猫叫声。当将手动开关控制改为声控、光控和磁控时，就变成可控机器猫了。为了实现可控功能，要加入合适的传感器，以获取外界声、光和磁信号，并设计一个信号处理电路，使它具有可控功能。

6.2.1　光电传感器

1. 光电传感器

光电传感器是基于光电效应的传感器。一般由光源、光学通路和光电元件三部分组成。光电传感器的工作原理是，首先把被测量的变化转换成光信号的变化，然后通过光电转换元件变换成电信号。光电传感器的工作基础是光电效应，除了能测量光强之外，它还能利用光线的透射、遮挡、反射和干涉测量如尺寸、位移、速度和温度等多种物理量。光电测量时不与被测对象直接接触，属于非接触式测量；在测量中不存在摩擦，且对被测对象不施加压力，因此在许多应用场合，光电传感器具有明显的优越性。其缺点是光学器件和电子器件价格较贵，并且对测量环境条件要求较高。图6-2所示为常见的光电传感器。

图6-2 光电传感器

2. 光电效应

光电效应是指光照射到某些物质上，使该物质的导电特性发生变化的一种物理现象，可分为外光电效应、内光电效应和光生伏特效应三类。

（1）外光电效应

在光线作用下能使电子逸出物体表面的现象称为外光电效应。基于外光电效应的光电元件有光电管和光电倍增管等，如图6-3和图6-4所示。

图6-3 光电管

图6-4 光电倍增管

（2）内光电效应

在光线作用下能使物体电阻率改变的现象称为内光电效应。基于内光电效应的光电元件有光敏电阻、光敏二极管、光敏三极管和光敏晶闸管等，如图6-5、图6-6和图6-7所示。

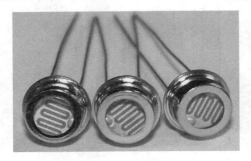

图 6-5　光敏电阻

图 6-6　光敏二极管

（3）光生伏特效应

在光线作用下，物体产生一定方向电动势的现象称为光生伏特效应。例如，以一定波长的光照射半导体 PN 结，电子受到光电子的激发挣脱束缚成为自由电子，在 P 区和 N 区产生电子—空穴对，在 PN 结内电场的作用下，空穴移向 P 区，电子移向 N 区，从而使 P 区带正电，N 区带负电，于是 P 区和 N 区之间产生电压，即光生电动势，若 PN 结两端带有负载，则形成光电流。基于光生伏特效应的光电元件如光电池等。

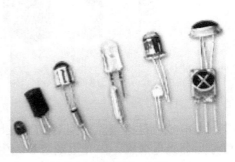

图 6-7　光敏三极管

6.2.2　光电器件

在光电传感器中，光电器件是转换器件，用来检测直接引起光量变化的非电量，如光强、光照度和气体成分等，也可用来检测能转换成光量变化的其他非电量，如零件直径、表面粗糙度、位移和振动，以及物体的形状、工作状态的识别等。

1. 光敏电阻

（1）结构原理

光敏电阻是由半导体材料制成的，又称光导管。光敏电阻无极性，使用时既可加直流电压，也可加交流电压。无光照时，光敏电阻值很大，电路中电流很小。当光敏电阻受到光照时，阻值急剧减小，电路中电流迅速增大。

光敏电阻的结构简单，图6-8所示为光敏电阻的结构和符号。为了获得较高的灵敏度，光敏电阻的电极一般采用栅状结构；为了防潮，光敏电阻常采用带有透光窗的金属壳密封。

（2）特性参数

① 伏安特性

伏安特性是指光敏电阻两端电压与电流的关系曲线，如图 6-9 所示。光敏电阻不受光照时的阻值称为暗电阻，流过的电流称为暗电流。光敏电阻受光照时的电阻称为亮电阻，流过的电流称为亮电流。亮电流与暗电流之差称为光电流。光敏电阻的亮电阻与暗电阻之差越大，光电流越大，性能越好，灵敏度越高。实际中光敏电阻的暗电阻值一般在兆欧量级，亮电阻值在几千欧以下。

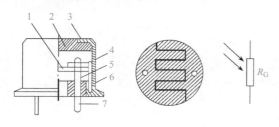

1—光导层；2—玻璃窗口；3—金属外壳；4—电极；

5—陶瓷基座；6—黑色绝缘玻璃；7—电阻引线

图 6-8　光敏电阻的结构和符号

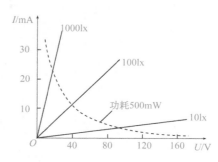

图 6-9　光敏电阻的伏安特性曲线

从曲线可知，加在光敏电阻两端电压越大，光电流也越大，而且没有饱和现象。在给定的光照下，电阻值与外加电压无关，说明光敏电阻是一个线性电阻。在给定的电压下，光电流随光照强度增强而增大。同普通电阻一样，光敏电阻也有最大额定功率的限制，超过这个功率将导致光敏电阻破坏。

② 光照特性

在外加一定电压下，光敏电阻的光电流与光通量的关系曲线，称为光敏电阻的光照特性。不同材料的光照特性是不同的，大多数光敏电阻的光照特性是非线性的，而且光照强度较大时，光电流有饱和趋向。因此，光敏电阻不适宜做检测元件，在工程中常用做开关量的光电传感器。其光照特性曲线如图 6-10 所示。

③ 光谱特性

光敏电阻对于不同波长的入射光有不同的灵敏度。光敏电阻的相对光敏灵敏度与入射波长的关系称为光敏电阻的光谱特性。图 6-11 所示为几种不同材料光敏电阻的光谱特性，对应于不同波长，光敏电阻的灵敏度是不同的，而且不同材料的光敏电阻光谱响应曲线也不同。从图 6-11 中可见，硫化镉光敏电阻光谱响应的峰值在可见光区域，常被用做光度量测量（照度计）的探头。而硫化铅光敏电阻响应于近红外和中红外区，常用做火焰探测器的探头。

④ 频率特性

频率特性指相对灵敏度 K_f 与光强度变化频率 f 之间的关系曲线。光敏电阻的光电流不能随着光强改变而立刻变化，即光敏电阻产生的光电流有一定的惰性，这种惰性通常用时间常数来表示。不同材料的光敏电阻具有不同的时间常数，因而它们的频率特性也就各不相同。图 6-12 所示为硫化铅和硫化铊光敏电阻的频率特性，相比较，硫化铅光敏电阻的频率特性较好。大多数光敏电阻的时间常数都较大，这是光敏电阻的一个缺点。

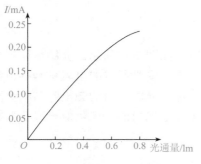

图 6-10　光敏电阻的光照特性曲线

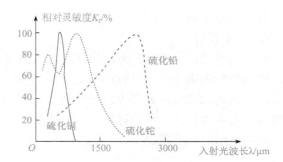

图 6-11　光敏电阻的光谱特性曲线

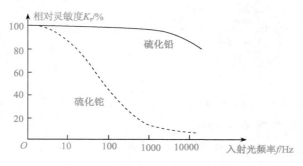

图 6-12　光敏电阻的频率特性曲线

⑤ 温度特性

温度特性指在不同温度下，光敏电阻相对灵敏度 K_r 与入射光波长 λ 之间的关系曲线，如图 6-13 所示。光敏电阻和其他半导体器件一样，受温度影响较大。温度升高时将导致暗电阻减小、灵敏度下降。温度特性常用温度系数来描述，温度系数越小越好。

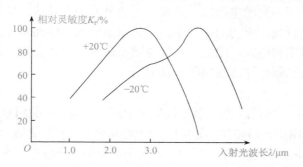

图 6-13　光敏电阻的温度特性曲线

几种常用光敏电阻的典型参数如表 6-1 所示。

表 6-1　几种常用光敏电阻的典型参数

种类	灵敏度	响应时间/s	波长范围/μm	峰值探测率 $D/\mathrm{cmHz^{1/2}W^{-1}}$
CdS	50A/m	$10^{-3} \sim 1$	$0.3 \sim 0.8$	
CdSe	50A/m	$0.5 \times 10^{-3} \sim 1$	$0.3 \sim 0.9$	
PbS	$(1 \sim 6) \times 10^3 \mathrm{V/W}$	$(0.1 \sim 0.3) \times 10^{-3}$	$1.0 \sim 3.5$	1.5×10^{11}

续表

种类	灵敏度	响应时间/s	波长范围/μm	峰值探测率 D/cmHz$^{1/2}$W^{-1}
PbSe	$(1\sim10)\times10^3$V/W	5×10^{-6}	$1.0\sim4.5$	1×10^{10}
InSb	20×10^3V/W	0.2×10^{-6}	$1.0\sim7.3$	6×10^6

2．光敏晶体管

光敏二极管、光敏三极管、光敏达林顿管（光敏复合管）以及光敏晶闸管等统称为光敏晶体管，用于光的照度测量和控制。部分光敏晶体管的性能比较如表 6-2 所示。

表 6-2　光敏晶体管性能比较

光敏晶体管	灵敏度	负载能力	温漂	响应时间
光敏二极管	>0.1μA/lx	<0.5mA	小	0.1μs 左右
光敏三极管	比光敏二极管高 10 倍以上	<100mA	较大	10μs 左右
光敏达林顿管	比光敏三极管高 10 倍以上	<500mA	大	10ms 左右

（1）光敏二极管

光敏二极管的结构与一般二极管的结构相似，其符号与电路连接如图 6-14 所示。它装在透明玻璃外壳中，其 PN 结可以直接受到光的照射。光敏二极管在电路中处于反向偏置状态，没有光照射时，PN 结反偏截止，阻值很大，回路中的暗电流很小。当有入射光照射在 PN 结上时，由于光电效应而产生电荷，在外电压的作用下形成光电流。光的照度越大，光电流就越大。

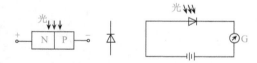

图 6-14　光敏二极管符号与电路连接

（2）光敏三极管

光敏三极管和普通三极管相似，有两个 PN 结，也有电流放大作用，只是它的集电极电流不仅受基极电流控制，同时也受光辐射的控制。通常基极无引出线，但有一些光敏三极管的基极有引出线，用于温度补偿和附加控制等作用。当光照射在集电结上时，就会在集电极形成输出电流，且集电极电流为光电流的 β 倍，因而光敏三极管有放大作用。光敏三极管符号与电路连接如图 6-15 所示。

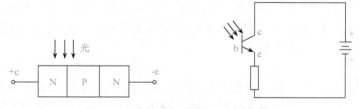

图 6-15　光敏三极管符号与电路连接

（3）光敏晶体管的基本特性

① 光谱特性

光敏晶体管的光谱特性指外加电压和光照强度恒定时，输出的光电流和入射光波长的关系。硅和锗光敏三极管的光谱特性曲线如图 6-16 所示。从曲线可见，硅光电晶体管的峰值波长约为 0.9μm，锗光电晶体管的峰值波长约为 1.5μm，此时灵敏度最大。一般来讲，锗管的暗电流比较大，因此性能稍差，因而在可见光或探测赤热状态物时，一般都用硅管；对红外光的探测时用锗管较好。

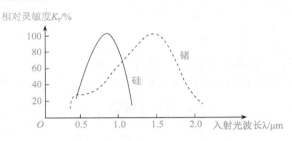

图 6-16 光敏三极管的光谱特性曲线

② 伏安特性

光敏晶体管的伏安特性是指在给定的光照度下，光敏晶体管电压与光电流的关系。图 6-17 所示为光敏三极管的伏安特性曲线。

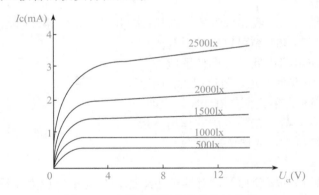

图 6-17 光敏三极管的伏安特性曲线

③ 光电特性

光敏晶体管的光电特性也称光照特性。指外加偏置电压一定时，光敏晶体管的输出电流和光照度的关系。一般说来，光敏二极管光电特性的线性较好，而光敏三极管在照度小时，光电流随照度增加较小，并且在光照足够大时，输出电流有饱和现象。这是由于光敏三极管的电流放大倍数在小电流和大电流时都下降的缘故。因而光敏二极管适合作检测元件，光敏三极管不利于弱光检测。

④ 频率特性

光敏晶体管的频率特性是指光敏晶体管输出的光电流随频率变化的关系。光敏二极管的频率特性是半导体光电器件中最好的一种，普通光敏二极管频率响应时间达 10μs。光敏晶体管的频率特性受负载电阻的影响，减小负载电阻可以提高频率响应范围，但输出电压响应也减小。

⑤ 温度特性

光敏晶体管的温度特性是指光敏晶体管的暗电流及光电流与温度的关系。光敏三极管的温度特性曲线如图 6-18 所示。从特性曲线可见，温度变化对光电流影响很小，而对暗电流影响很大，因而在电子线路中应对暗电流进行温度补偿，否则会导致输出误差。

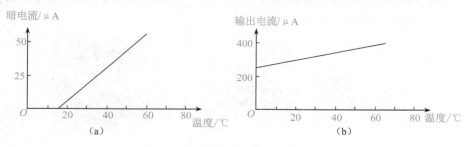

图 6-18　光敏三极管的温度特性曲线

几种硅光电二极管的特性参数如表 6-3 所示。

表 6-3　几种硅光电二极管的特性参数

型　号	光谱响应范围 λ/nm	峰值灵敏度波长 λp/nm	光电灵敏度 S（λ=λp）/A·W^{-1}	短路电流 I_{sc}（100 lx 2856K）/μA	暗电流 I_d U_r=10mV（max）/pA	上升时间 t_r 10%～90%（U_r=0 V R_1=1kΩ）/ns	终端电容 C_t（f=10 kHz U_r=0 V）/pF	分流电阻 R_{sh}（U_r=10 mV）/GΩ	最大反转电压 U_r（max）/V
S1226-18BQ	190～1000	720	0.36	0.66	2	0.15	35	50	5
S1227-16BQ	190～1000	720	0.36	3.2	5	0.5	170	20	5
S1336-18BQ	190～1000	960	0.5	1.2	20	0.1	20	2	5
S1337-16BQ	190～1000	960	0.5	5.3	30	0.2	65	1	5
S2386-18K	320～1100	960	0.6	1.3	2	0.4	140	100	5
S2387-16R	320～1100	960	0.58	6.0	0.5	1.8	730	50	30

几种硅（锗）光电三极管的特性参数如表 6-4 所示。

表 6-4　几种硅（锗）光电三极管的特性参数

型　号	光谱范围/nm	暗电流/μA	光电流/mA	光调制截止频率/kHz	(t_r+t_f)/μs
3AU1A（锗）		400	≥2	≥3	
3AU1B（锗）		200	≥1	≥3	
3AU1D（锗）		300	≥2.5	≥3	
3DU2		0.1～0.5	0.2～0.5		≤5
3DU5		0.2～0.5	2～3		≤5
3DU8		1	1		≤60
3DU010IR	700～1050	<0.1	≥2		
3DU050IR	700～1050	<0.1	≥4		

3. 光电池

光电池是一种将光能转换为电能的光电器件。光电池在有光线作用时就是电源，电路中有了这种器件就不需要外加电源。

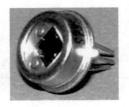

图 6-19   光电池实物

光电池的工作原理是基于光生伏特效应的。光电池的种类很多，有硒光电池、氧化亚铜光电池、锗光电池、硅光电池、砷化镓光电池等。其中硅光电池的光电转换效率高，寿命长，价格便宜，适合红外波长工作，是最受重视的光电池。

（1）结构原理

硅光电池是在 N 型硅片中掺入 P 型杂质形成一个大面积的 PN 结，如图 6-20 所示。

光电池的结构类似于光电二极管，区别在于硅光电池衬底材料的电阻率低，为 0.1～0.01Ω·m，而硅光电二极管衬底材料的电阻率约为 1000Ω·m。上电极为栅状受光电极，下电极为衬底铝电极。栅状电极能减少电极与光敏面的接触电阻，增加透光面积。其上还蒸镀抗反射膜，既减少反射损失，又对光电池起保护作用。当光照射到 PN 结上时，如果在两电极间串接负载电阻，则电路中便产生了电流，如图 6-21 所示。

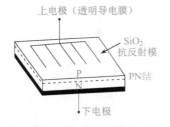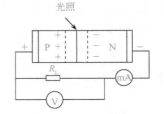

图 6-20   硅光电池结构示意图   图 6-21   硅光电池电原理图

（2）光电池的基本特性

①光谱特性

光电池的光谱特性如图 6-22 所示。不同材料的光电池，峰值波长不同。

② 光照特性

硅光电池的光照特性如图 6-23 所示。硅光电池的短路电流与光照有较好的线性关系，而开路（负载电阻 R_L 趋于无限大时）电压与照度的关系是非线性的（呈对数关系），而且在光照度为 2000lx 时就趋向饱和了。因此用光电池作为测量元件时，应把它当做电流源来使用，不宜用做电压源。

③ 频率特性

光电池的频率特性是指相对输出电流与光的调制频率之间的关系。所谓相对输出电流是指高频输出电流与低频最大输出电流之比。图 6-24 所示为光电池的频率特性曲线。在光电池作为测量、计算和接收器件时，常用调制光作为输入。由图 6-24 可知，硅光电池具有较高的频率响应（曲线 2），而硒光电池则较差（曲线 1）。因此，在高速计数的光电转换中一般采用硅光电池。

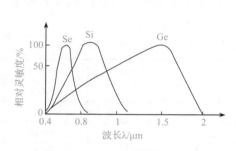

图 6-22 光电池光谱特性曲线

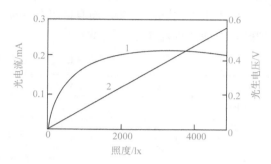

图 6-23 光电池光照特性曲线

④ 温度特性

光电池的温度特性是指开路电压 U_{oc} 和短路电流 I_{sc} 随温度变化的关系。图 6-25 所示为为硅光电池在照度为 1000lx 下的温度特性曲线。由图 6-25 可知，开路电压随温度上升下降很快，但短路电流随温度的变化较慢。

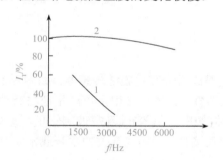

图 6-24 硅光电池频率特性曲线

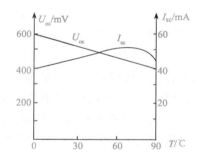

图 6-25 硅光电池温度特性曲线

温度特性将影响使用光电池的仪器设备的温度漂移，以及测量精度或控制精度等重要指标。当用做测量器件时，最好能保持温度恒定或采取温度补偿措施。

⑤ 伏安特性

所谓伏安特性，是在光照一定的情况下，光电池的电流和电压之间的关系曲线。图 6-26 所示为电路测量的硅光电池在受光面积为 1cm^2 的伏安特性曲线。

图 6-26 中还画出了 0.5、1 和 3kΩ 的负载线。负载线（如 0.5kΩ）与某一照度(如 900lx)下的伏安特性曲线相交于一点(如 A)，该点(A)在 I 轴和 U 轴上的投影即为在该照度（900lx）和该负载（0.5kΩ）时的输出电流和电压。

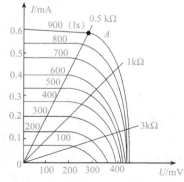

图 6-26 硅光电池伏安特性曲线

⑥ 稳定性

当光电池密封良好、电极引线可靠、应用合理时，光电池的性能是相当稳定的，使用寿命也很长。硅光电池的性能比硒光电池更稳定。光电池的性能和寿命除了与光电池的材料及制造工艺有关外，在很大程度上还与使用环境条件有密切关系。如在高温和强光照射下，会使光电池的性能变坏，而且降低使用寿命，这在使用中要加以注意。表 6-5 给出了几种硅光电池的性能参数，以供参考。

表 6-5　几种硅光电池的性能参数

型　号	开路电压/mA	短路电流/mV	输出电流/mA	转换效率/%	面积/mm^2
2CR11	450～600	2～4		>6	2.5×5
2CR21	450～600	4～8		>6	5×5
2CR41	450～600	18～30	17.6～22.5	6～8	10×10
2CR51	450～600	36～60	35～45	6～8	10×20
2CR61	450～600	40～65	30～40	6～8	ϕ17
2CR71	450～600	72～120	54～120	>6	20×20
2CR81	450～600	88～140	66～85	6～8	ϕ25
2CR101	450～600	173～288	130～288	>6	ϕ35

6.2.3　干簧管

干簧管是一种磁敏的特殊开关，也称干簧继电器或舌簧开关磁敏传感器，如图 6-27 所示。干簧管是一种结构简单但用途广泛的磁电转换器件，在磁场作用下可产生通与断动作。两、三个软磁性材料簧片触点封装在充有惰性气体(如氮、氦等)或真空玻璃管里，玻璃管内平行封装的簧片端部重叠，并留有一定间隙或相互接触，以构成开关的常开或常闭触点。

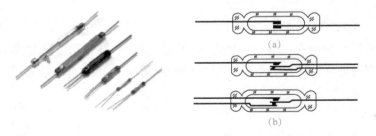

图 6-27　干簧管

当永久磁铁靠近干簧管或绕在干簧管上的线圈通电后形成磁场使簧片磁化时，簧片的接点就会感应出极性相反的磁极。由于磁极极性相反而相互吸引，当吸引的磁力超过簧片的抗力时，分开的接点便会吸合；当磁力减小到一定值时，在簧片抗力的作用下接点又恢复到初始状态。这样便完成了一个开关的作用。

干簧管可作为传感器使用，如用于计数和限位等。干簧管比机械开关结构简单、体积小、速度高、工作寿命长；与电子开关相比，有抗负载冲击能力强等特点，工作可靠性高。

干簧管在手机、程控交换机、复印机、洗衣机、电冰箱、照相机和门磁等都有应用。如自行车公里计，就是在轮胎上粘上磁铁，在一旁固定两个簧片的干簧管构成的。而装在门上，可作为开门时的报警和问候等。市场上常用的干簧管类型如表 6-6 所示。

表 6-6 干簧管类型

	类 型		触 点 形 式	构 造	功 能 性 能
分类形式	超小型	玻璃管长：10mm 以下	A 型（常开）	中心型	耐高压低噪声指示灯用超长寿命
		管径：2mm 以下			
	小型	玻璃管长：10～30mm	B 型		
		管径：3～4mm		偏置型	
	大型	玻璃管长：30mm 以上	C 型（转接开关型）		
		管径：4mm 以上			
相关产品	ORD213 ORD211 ORD228v1 ORD221 ORT551		ORD 系列 ORT 系列	ORD 系列 ORD221 ORT551	

本项目的机器猫需要有磁控功能，就可以使用干簧管来实现。

6.2.4 光电传感器应用

1. 反射式烟雾报警器

在没有烟雾时，由于红外对管相互垂直，烟雾室内又涂有黑色吸光材料，所以红外 LED 发出的红外光无法到达红外光敏三极管。当烟雾进入烟雾室后，烟雾的固体粒子对红外光产生漫反射，使部分红外光到达光敏三极管，有光电流输出。

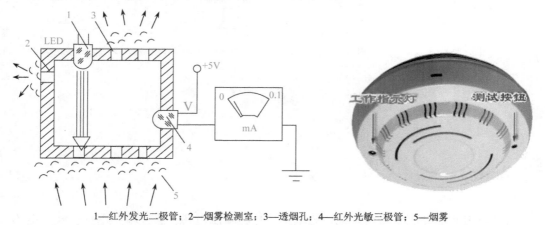

1—红外发光二极管；2—烟雾检测室；3—透烟孔；4—红外光敏三极管；5—烟雾

图 6-28 漫反射式烟雾传感器

2. 光电式带材跑偏检测器

带材跑偏检测器用来检测带形材料在加工中偏离正确位置的大小及方向，为纠偏控制电路提供纠偏信号，主要用于印染、送纸、胶片和磁带等生产过程。光电式带材跑偏检测器示意图如图 6-29 所示。光源 8 发出的光线经过透镜 9 会聚为平行光束，投向透镜 10，随后被会聚到光敏电阻 11 上。在平行光束到达透镜 10 的途中，有部分光线受到被测带材 1 的遮挡，使传到光敏电阻的光通量减少。

图 6-30 所示为测量电路图。R_1、R_2 是同型号的光敏电阻。R_1 作为测量元件装在带材下方，R_2 用遮光罩罩住，起温度补偿作用。当带材处于正确位置（中间位）时，由 R_1、R_2、R_3、R_4 组成的电桥平衡，使放大器输出电压 U_o 为 0。当带材左偏时，遮光面积减少，光敏电阻 R_1 阻值减少，电桥失去平衡。差动放大器将不平衡电压加以放大，输出负电压，反映了带材跑偏的方向及大小。反之，当带材右偏时，U_o 为正电压值。输出信号 U_o 由显示器显示出来，并送到执行机构，为纠偏控制系统提供纠偏信号。

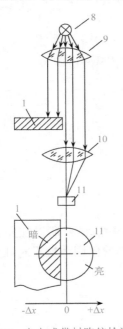

图 6-29　光电式带材跑偏检测器原理示意图

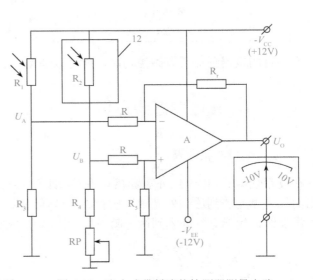

图 6-30　光电式带材跑偏检测器测量电路

任务 3　项目实施

6.3.1　框图

可控机器猫的控制电路由声控检测电路、光控检测电路、磁控检测电路、触发电路、单稳态电路、电机驱动电路和开关等组成。声控、光控和磁控检测电路分别由麦克风、光敏三极管和干簧管构成，可由声信号、光信号和磁信号触发单稳态触发器，如图 6-31 所示。
单稳态触发器触发后，功放电路驱动电动机旋转使机器猫运动，实现声控、光控和磁控。

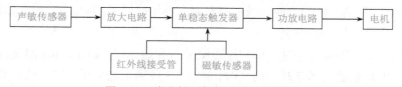

图 6-31　声光控可控机器猫结构框图

6.3.2　电路原理图

1. 电路原理图

可控机器猫在拍手、光照和磁铁靠近时即可行走，持续一段时间后停止，再满足条件
时继续行走。可控机器猫电路原理图如图 6-32 所示。

2. 工作过程

（1）声控工作过程

由图 6-32 可见，555 时基电路 IC_1、R_6 和 C_5 构成了单稳态触发器，其中 2 脚是触发脉
冲输入端，3 脚是输出端，可控机器猫行走时间由定时时间 $t_w=1.1R_6C_5$ 决定。

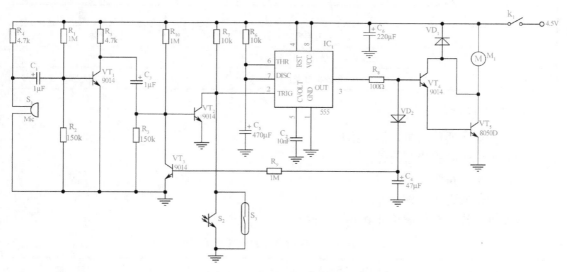

图 6-32　可控机器猫电路原理图

当麦克风 S_1 没接收到声音时，4.5V 电源在 R_2 上的分压约为 0.6V，使 VT_1 处于临界导
通状态，集电极输出高电平，无动态信号输出；同理 VT_2 也处于临界导通状态，集电极输
出高电平，使 IC_1 的 2 脚输入高电平，单稳态触发器复位，3 脚输出低电平，VT_4、VT_6 截
止，电动机 M_1 停止，可控机器猫静止。

当麦克风 S_1 接收到声音时，声音信号通过 C_1 耦合到 VT_1 的基极上，VT_1 导通放大，

再通过 C_3 耦合到 VT_2 的基极，VT_2 导通放大，集电极输出低电平，IC_1 的 2 脚从高电平跳变为低电平，触发单稳态触发器翻转，IC_1 的 3 脚输出高电平，经 VT_4、VT_5 功率放大后，电动机 M_1 旋转，带动机器猫行走。当单稳态触发器定时时间到时，IC_1 的 3 脚输出低电平，VT_4、VT_5 截止，电动机 M_1 停止。

当 IC_1 的 3 脚输出高电平时，VD_2 导通使 VT_3 导通、VT_2 截止，IC_1 的 2 脚由低电平跳为高电平；当单稳态触发器定时时间到时，IC_1 的 3 脚输出低电平，VD_2 截止允许再次接收声音信号。当声音延续不断时，麦克风不断地接收声音信号，但由于 VD_2 的作用，仅当单稳态触发器定时时间到后，才能触发下一个定时周期。

（2）光控、磁控工作过程

当光敏三极管或干簧管被激发时，可以将光信号、磁信号转变为电信号，使单稳态触发器 2 脚由高电平跳变为低电平，触发单稳态触发器翻转，工作过程与声控相同。

6.3.3　可控机器猫制作

1. 设备及元器件

设备及元器件要求如表 6-7 所示。

表 6-7　设备及元器件

序　号	设备及元器件	数　量
1	万用表	1 块
2	电烙铁、尖嘴钳、偏口钳等工具	1 套
3	可控机器猫套件	1 套

2. 元器件识别与检测

（1）根据元器件清单，清点组件；
（2）识别光敏三极管元件；
（3）识别干簧管元件；
（4）识别麦克风元件。

可控机器猫元器件清单如表 6-8 所示。

表 6-8　可控机器猫元器件清单

元器件名称	元器件符号	型　号	数　量
电阻	R_1，R_{10}	1MΩ	2
	R_2，R_3	150kΩ	2
	R_4，R_5，R_9	4.7kΩ	3
	R_6，R_7	10kΩ	2
	R_8	100Ω	1

续表

元器件名称	元器件符号	型　号	数　量
电解电容	C_1，C_3	1μF/10V	2
	C_4	47μF/10V	1
	C_5	470μF/10V	1
	C_6	220μF/10V	1
瓷介电容	C_2	10nF	1
二极管	VD_1	1N4001	1
稳压二极管	VD_2	1N4148	1
三极管	VT_1，VT_3，VT_4	9014(NPN)	3
	VT_2	9014D(NPN)	1
	VT_5	8050D(NPN)	1
集成电路	IC_1	555	1
声敏传感器	S_1	Sound control	1
红外接收管	S_2	infrared	1
磁敏传感器	S_3	Reed switch	1
连接线	JX	ϕ0.12，70cm	1
		J1～J4：10cm	
		J5、J6：15cm	
屏蔽线		15cm	1
热缩套管		3cm	1
外壳（含电动机）			1
线路板		82mm×55mm	1

在安装焊接之前，所有元器件必须进行检查和测试。测试内容及要求如表 6-9 所示。

表 6-9　可控机器猫元器件测试内容及要求

元器件名称	测试内容及要求
电阻	测试阻值是否合格。本次所用电阻为五色环电阻，按照棕红橙黄绿蓝紫灰白黑从 1～9、0 的顺序，前三位为有效阻值，第四位为有效位数，第五位为允许偏差（皆为 1%），读数识别
二极管	正向导通，反向截止。极性标志是否正确（有白色色环的引脚为负极）
三极管	判断极性及类型：8050、9014(D)为 NPN 型，β 值大于 200
电解电容	用万用表检查是否漏电、极性是否正确
光敏三极管（红外接收管）	由两个 PN 结组成，它的发射极具有光敏特性。它的集电极则与普通晶体管一样，可以获得电流增益，但基极一般没有引线。当遇到光照时，C、E 两极导通。测量时红表笔接 C
干簧管（舌簧开关）	由一对磁性材料制造的弹性舌簧组成，密封于玻璃管中，舌簧端面互叠留有一条细间隙，触点镀有一层贵金属，使开关具有稳定的特性和延长使用寿命。当恒磁铁或线圈产生的磁场施于开关上时，开关两个舌簧磁化，若生成的磁场吸引力克服了舌簧的弹性产生的阻力，舌簧被吸引力作用接触导通，即电路闭合。一旦磁场力消除，舌簧因弹力作用又重新分开，即电路断开。项目所用的干簧管属常开型

续表

元器件名称	测试内容及要求
麦克风 （声敏传感器）	把外界声场中的声信号转换成电信号的传感器。用万用表电阻挡，黑表笔接麦克风正极（芯线），红表笔接负极（外围），吹一吹麦克风，电阻应有明显变化，反接则电阻变化很小。连接驻极体话筒可以使用双股电线，但用屏蔽线能有效减小噪声

3. 焊接组装

（1）焊接前准备

① 按照工艺要求对元器件引脚进行整形处理；

② 对照原理图和印刷电路板图，查找元器件在印刷电路板上的位置。印刷电路板图如图 6-33 所示。

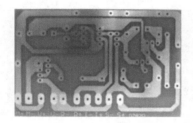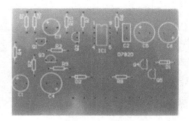

图 6-33   印刷电路板图

（2）焊接工艺要求

检查、测试各类元件之后，即可开始可控机器猫控制电路印刷电路板的焊接。焊接时应遵循以下要求：

① 先低后高，先小后大。先焊接高度较低、尺寸较小的元件，再焊接高度较高、尺寸较大的元件，避免先焊大元件而小元件不便于焊接的情况；

② 元器件可采用卧式焊接和立式焊接两种焊接方法。电阻、二极管均采用卧式焊接法，电容、三极管均采用立式焊接法；

③ 注意怕热元件，如 555 集成芯片、麦克风、三极管、二极管、电解电容等，此类元件不可承受长时间的高温。故在焊接这类元件时每个引脚焊接时间最好在 2~3s，不可过长；

④ 焊接时应注意有极性元件和芯片方向，如电解电容、二极管、三极管等有极性元件的引脚属性、555 集成芯片的放置方向；

⑤ 焊点光亮，不能虚焊、连焊、错焊、漏焊、铜箔脱落，同时还要注意用锡要适量。焊完之后，将引脚剪掉，焊板上保留焊点高度 0.5~1mm。将连接线及屏蔽线两头剥约 4mm 挂锡。

（3）组装步骤

焊接好印制板后，将机器猫拆壳，将印制板与机器猫内部的电路进行连接。步骤如下：

① 电动机：打开机壳，电动机（黑色）已固定在机壳底部。电动机负极与电池负极有一根连线，改装电路，将连在电池负极的一端焊下来，改接至印制板的"电动机-"（M-），由电动机正端引一根线 J1 到印制板上的"电动机+"（M+）。音乐芯片连接在电池负极的那一端改接至电动机的负极，使其在猫行走的时候才发出叫声。

② 电源：由电池负极引一根线 J2 到印制板上的"电源-"（V-）。"电源+"（V+）与"电

机+"（M+）相连，不用单独再接。

③ 磁控：由印制板上的"磁控+、-"（R+、R-）引两根线 J3、J4，分别搭焊在干簧管（磁敏传感器）两腿，放在猫后部，应贴紧机壳，便于控制。干簧管没有极性。

④ 红外接收管（白色）：由印制板上的"光控+、-"（I+、I-）引两根线 J5、J6 搭焊到红外接收管的两个管腿上，其中一条管腿套上热缩管，以免短路导致打开开关后猫一直走个不停。红外接收管放在猫眼睛的一侧并固定住。应注意的是：红外接收管的长腿应接在"I-"上。

⑤ 声控部分：屏蔽线两头脱线，一端分正负（中间为正，外围为负）焊到印制板上的 S+、S-；另一端分别贴焊在麦克风（声敏传感器）的两个焊点上，但要注意极性，且麦克风易损坏，焊接时间不要过长。焊接完后麦克风置于猫前胸。

4．电路调试

（1）调试准备

① 焊接改装完成后，再次检查各元件焊接位置是否正确、有无虚焊和连焊等；

② 再次检查连接是否正确，尤其注意测量"电源+"和"电源-"间是否短路；

③ 装入 3 节 5 号电池，注意电池极性。

（2）电路调试

① 开启电源开关，猫立即有反应，并且过了一段时间后停止反应；

② 声控调试：击掌给麦克风输入声音信号，机器猫若有"走—停"过程说明声控合格；

③ 光控调试：用光照射红外接收管，机器猫若有"走—停"过程说明光控合格；

④ 磁控调试：用磁铁接近干簧管，机器猫若有"走—停"过程说明磁控合格。

（3）电路测试

静态工作点参考值如表 6-10 所示。

表 6-10　可控机器猫元器件静态工作点参考值

代号	型号	静态参考电压		
		E	B	C
V_1	9014	0V	0.5V	4V
V_2	9014D	0V	0.6V	3.6V
V_3	9014	0V	0.4V	0.5V
V_4	9014	0V	0V	4.5V
V_5	8050D	0V	0V	4.5V
IC_1	555	1 脚：0V	2 脚：3.8V	3 脚：0V
		4 脚：4.5V	5 脚：3V	6 脚：0V
		7 脚：0V	8 脚：4.5V	

（4）故障排除

一般来讲，基本器件的焊接只要细心，不会出现错误，最可能的错误来自于导线连接的错位和器件极性倒置，应重点检查。检查时可使用万用表探测电位加速诊断。

① 进行某项控制功能测试时，若出现机器猫光走不停，没有"走—停"过程，可能的故障是 555 集成元件烧毁；

② 进行某项控制功能测试时，若出现机器猫不走，可能是该控制对应的感应元件损坏。

（5）整机组装

简单测试完成后再组装机壳，组装时电路板和各感应部件的放置遵循以下思路：

① 干簧管放在猫后部，贴紧机壳，便于磁感应；

② 红外接收管通过钻孔放在猫胸前，便于感受光照；

③ 麦克风的放置要求不多，这点由声音的传导性质决定。

任务 4　项 目 考 核

项目考核评价表如表 6-11 所示。

表 6-11　项目考核评价表

班　级		组　别			日　期	
小组成员分工	组　长					得分：
	检测员					得分：
	装接工					得分：
	调试工					得分：
	记录员					得分：
考　核　内　容		为其他组相应项目评分				
1．元器件检测：对照清单正确清点检测。（20分）						
2．电路板焊接：						
（1）元件布局合理，焊接正确；（20分）						
（2）焊点圆、滑、亮。（10分）						
3．电路改接：						
（1）电动机改接正确；（5分）						
（2）电源改接正确；（5分）						
（3）麦克风焊接正确；（5分）						
（4）光敏管焊接正确；（5分）						
（5）干簧管焊接正确。（5分）						
4．功能调试：声、光、磁控正常。						
（1）按要求调试，功能正确；（10分）						
（2）故障排除。（5分）						
5．安全文明：安全操作，文明生产。						
（1）完成6S要求，有创新意识；（5分）						
（2）遵纪守规，互助协作。（5分）						
教师为本组评分：						

备注：教师根据资料记录和整理情况给记录员打分，记录员负责本组成员打分，本组成员共同商定给其他组打分。

项目测试

1. 选择题

（1）光照强度增加时，光敏电阻阻值将（　　）。

    A．增大　　　　　　B．减小　　　　　　　C．不变　　　　　　D．不定

（2）光照强度增加时，光敏二极管反向电流将（　　）。

    A．增大　　　　　　B．减小　　　　　　　C．不变　　　　　　D．不定

（3）光照强度增加时，光敏三极管基极电流将（　　）。

    A．增大　　　　　　B．减小　　　　　　　C．不变　　　　　　D．不定

（4）光敏二极管属于（　　）效应。

    A．外光电效应　　B．内光电效应　　　C．光生伏特效应　　D．光热效应

（5）温度上升时，光敏电阻、光敏二极管、光敏三极管的暗电流将会（　　）。

    A．上升　　　　　　B．下降　　　　　　　C．不变　　　　　　D．不定

2. 填空题

（1）光电式传感器是将光信号转化为电信号的一种传感器，它的理论基础是（　　）。

（2）光电效应可以分为（　　　　　）、（　　　　　）和（　　　　　）三类。

（3）外光电效应是指在光照下电子逸出物体表面的现象，基于该效应做成的器件有（　　　）、（　　　　）等。

（4）内光电效应是指在光照下使物质的电阻率改变的现象，基于该效应做成的器件有（　　　）。

（5）光生伏特效应是指在光线作用下物体内产生电动势的现象，基于该效应做成的器件有（　　　）、（　　　　）等。

（6）光敏电阻在无光照时的阻值称为（　　　　），此时流过的电流称为（　　　　），在有光照时的阻值称为（　　　　），此时流过的电流称为（　　　　），（　　　　）与（　　　　）之差称为光电流。

（7）光敏电阻在工程中常用做（　　　　）量的光电传感器。在选用光敏电阻时，应该把（　　　　）和（　　　　）结合起来考虑才能获得满意的结果。

（8）（　　　）电阻越大，（　　　）电阻越小，光敏电阻的灵敏度就高。

（9）光电晶体管包括（　　　）、（　　　）、（　　　）和（　　　　）等。

（10）光电二极管在电路中一般处于（　　　）工作状态，在无光照时处于（　　　）状态，受光照时处于（　　　）状态。

（11）光电三极管有（　　　）型和（　　　）型两种，其中（　　　）型性能较优。

3. 简答题

（1）光电传感器的光电效应通常分为几类？与之对应的光电元器件有哪些？

（2）光敏电阻、光电二极管、光电三极管的基本连接电路是怎样的？

（3）举例说明光电传感器的应用。

4. 思考题

本项目中，通过声、光、磁控来实现机器猫的"走—停"，若要改变电动机工作时间的长短，调整哪些参数可以实现？

5. 项目拓展

尝试制作采用单片机作为控制单元的智能机器猫。

知识拓展

光电开关是光电接近开关的简称。它是利用被检测物体对光束的遮挡或反射，由接收器检测光束变化，从而检测物体的有、无。所有能反射光线的物体均可被检测，如安防系统中常用光电开关作烟雾报警器，工业中用它来记录机械臂的运动次数，流水线上用它来记录产品的个数等。

图 6-34　光电开关

新一代光电开关采用脉冲调制主动式，具有延时、展宽、外同步、抗干扰、可靠性高、工作区域稳定和自诊断等智能化功能，它所使用的冷光源有红外光、红色光、绿色光和蓝色光等，可非接触、无损伤迅速地控制各种固体、液体、透明体、黑体、柔软体和烟雾等物质的状态和动作。

常用光电开关按检测方式可分为对射型、扩散反射型、回归反射型三种类型。

1. 对射型

为了使投光器发出的光能进入受光器，应设置投光器与受光器。如果检测物体进入投光器和受光器之间遮蔽了光线，进入受光器的光量将减少，掌握这种减少后便可进行检测。对射型光电开关检测原理示意图如图 6-35 所示。

特点：

（1）动作的稳定度高，检测距离长（数厘米～数十米）；

（2）即使检测物体的通过线路变化，检测位置也不变；

（3）检测物体的光泽、颜色、倾斜等的影响很少。

2．扩散反射型

在投受光器一体型中，通常光线不会返回受光部。如果投光部发出的光线碰到检测物体，检测物体反射的光线将进入受光部，受光量将增加。掌握这种增加后，便可进行检测。扩散反射型光电开关检测原理示意图如图 6-36 所示。

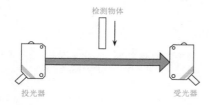

图 6-35　对射型光电开关检测原理示意图

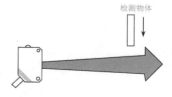

图 6-36　扩散反射型光电开关检测原理示意图

特点：

（1）检测距离为数厘米～数米；

（2）便于安装调整；

（3）在检测物体的表面状态（颜色、凹凸）中光的反射光量会变化，检测稳定性也变化。

3．回归反射型

在投受光器一体型中，通常投光部发出的光线将反射到相对设置的反射板上，回到受光部。如果检测物体遮蔽光线，进入受光部的光量将减少。掌握这种情况后，便可进行检测。回归反射型光电开关检测原理示意图如图 6-37 所示。

特点：

（1）检测距离为数厘米～数米；

（2）布线、光轴调整方便（可节省工时）；

（3）检测物体的颜色、倾斜等的影响很少；

（4）光线通过检测物体两次，所以适合透明体的检测。

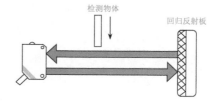

图 6-37　回归反射型光电开关检测原理示意图

项目小结

1．光电传感器是基于光电效应的传感器。一般由光源、光学通路和光电元件三部分组成。光电传感器的工作原理是，首先把被测量的变化转换成光信号的变化，然后通过光电转换元件变换成电信号。光电传感器的工作基础是光电效应。它除能测量光强之外，还能利用光线的透射、遮挡、反射、干涉测量如尺寸、位移、速度、温度等多种物理量。光电测量时不与被测对象直接接触，属于非接触式测量。

2．光电效应是指光照射到某些物质上，使该物质的导电特性发生变化的一种物理现象，可分为外光电效应、内光电效应和光生伏特效应三类。

3．干簧管是一种磁敏开关，也称干簧继电器或舌簧开关式磁敏传感器。是一种结构简单但用途广泛的磁电转换器件，在磁场作用下可以产生通与断的动作。

4．可控机器猫主要由声控检测电路、光控检测电路、磁控检测电路、触发电路、单稳态电路、电机驱动电路和开关等组成。声控、光控和磁控检测电路分别由麦克风、光敏三极管和干簧管构成，可将声信号、光信号和磁信号转变为电信号，作为单稳态触发器的触发信号。

项目 7

机车速度信号采集
系统搭建

知识目标

1．掌握数字式传感器的原理和特性；
2．了解 DF16 型速度传感器的应用。

技能目标

1．会选择使用数字式传感器；
2．能够理解机车速度信号的采集原理和方法。

任务 1　项目任务书

7.1.1　项目描述

随着当今交通运输行业的发展，轨道交通以其运量大、速度快、安全环保等优点已成为人们出行的首选，我国也已成为世界最大的轨道交通建设市场。

机车速度信号是机车运行中的重要状态参数，是构成机车闭环调速控制系统必不可少的反馈参量。在机车的防滑/防空转系统、机车运行状态监控等装置中，都需要实时地得到机车的运行速度信号，而且机车速度信号采集的精确度与机车操作的安全性直接相关联，因此电力机车运行速度信号的正确采集和处理对于机车的控制与操作至关重要。

本项目介绍了采用速度传感器采集并输出的脉冲信号，经过信号处理电路，再利用单片机的采集能力和运算处理能力，对机车速度信号进行测量。

7.1.2　项目任务

完成 DF16 速度传感器的测试；根据给定的元器件和电路图，按照电子产品制作工艺，焊接、组装信号处理电路；结合速度校验台和单片机开发板搭建一个机车速度信号采集系统。

任务 2　信 息 收 集

数字式传感器是一种能把被测模拟量直接转换为数字量输出的装置，可直接与计算机系统连接。与模拟式传感器相比，数字式传感器具有以下优点：

（1）测量精度和分辨率高；

（2）抗干扰能力强，稳定性好；

（3）易于和计算机接口，便于信号处理和实现自动化测量；

（4）适宜远距离传输。

常用的数字式传感器主要有：脉冲输出式数字传感器，如栅式数字传感器；编码输出式数字传感器，如旋转型编码器；频率输出式数字传感器。本项目主要介绍在测速系统中常用的旋转编码器和光栅传感器的应用。

7.2.1　旋转编码器

旋转编码器是一种码盘式角度-数字检测元件，通常用于转速的测量。它的转轴通常随被测轴一起转动，能将被测轴的角位移转换成二进制编码或者一串脉冲。旋转编码器有两种基本类型：一种是绝对式编码器，另一种是增量式编码器。其中，增量式编码器具有结构简单、价格低、精度易于保证等优点被广泛使用。而绝对式编码器能直接给出对应于每个转角的数字信息，便于计算机处理，但使用时大多需要组成多级检测装置，因而结构复杂、成本较高。

1. 绝对式编码器

绝对式编码器通常可分为接触式编码器、光电式编码器和磁电式编码器等不同形式。

（1）接触式编码器

一个 4 位二进制接触式码盘如图 7-1 所示。在圆形不导电的码盘基本体上共有 4 个码道，每个码道用印制电路板工艺加工出导电区（黑色部分）和绝缘区（白色部分）。导电区用"1"表示，绝缘区用"0"表示。

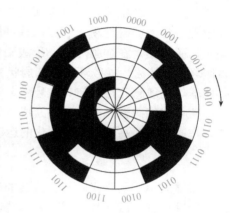

码盘最里边一圈完整的轨道为公用区，和各码道所有导电部分连在一起，通过电刷接激励电源的正极。每个码道上都有一个电刷，电刷经取样电阻接地。若电刷接触到导电区，则该回路中的取样电阻上有电流流过，输出为"1"，若电刷接触的是绝缘区，输出则为"0"。由此，无论码盘处在哪个角度，都有一个 4 位二进制编码与该角度对应。

图 7-1　接触式编码器码盘

码道的圈数（不包括公用区）就是二进制的位数。若有 n 圈码道，就称为 n 位码盘，圆周就被分为 2^n 个数据，能分辨的角度即为

$$\alpha=360°/2^n \tag{7-1}$$

表 7-1　4 圈码道二进制码对照表

角度	电刷位置	二进制码	角度	电刷位置	二进制码	角度	电刷位置	二进制码
0	0	0000	6α	6	0110	12α	12	1100
1α	1	0001	7α	7	0111	13α	13	1101
2α	2	0010	8α	8	1000	14α	14	1110
3α	3	0011	9α	9	1001	15α	15	1111
4α	4	0100	10α	10	1010			
5α	5	0101	11α	11	1011			

（2）光电式编码器

光电式编码器是目前应用较多的一种编码器，它的码盘是在不透光材料的圆盘上精确地印制二进制编码，如图 7-2 所示。

图 7-2（a）所示为光电码盘的平面结构，其中，黑色区域为不透光区，用"0"表示；白色区域为透光区，用"1"表示。图 7-2（b）所示为光电码盘与光源、光敏元件的对应关

系，工作时，每个码道都对应一组光电元件，码盘转到不同位置，光电元件接收光信号，产生相应的二进制编码。

　　光电式编码器的最大特点是除了转轴之外，不存在接触磨损，允许高速旋转测量。

　　（3）磁电式编码器

　　磁电式编码器是一种新型电磁敏感元件。磁电式编码器的原理是通过磁力形成脉冲列，产生信号。将未硫化的橡胶中混合稀土类磁性粉末制成磁性坯子，硫化粘附在加强环上，形成磁性

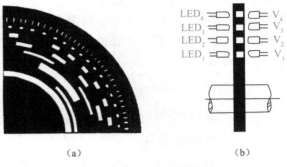

图7-2　光电式编码器码盘

橡胶环，在该磁性橡胶环上以圆周状交替着磁，产生 S 极和 N 极。采用磁敏电阻或者霍尔传感器作为敏感元件，使其信号稳定可靠。

　　磁电式编码器具有体积小、成本低、不易受尘埃和结露影响，可高速运转、响应速度快，在高速度、高精度、小型化的运动控制系统需求下，具有独特优势。

　　2. 增量式编码器

　　增量式编码器是指随转轴旋转的码盘给出一系列脉冲，然后根据旋转方向用计数器对这些脉冲进行加减计数，从而表示转过的角位移量。如图7-3所示为增量式光电编码器。

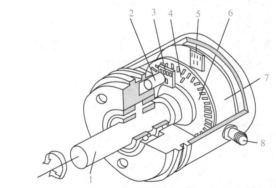

1—转轴；2—发光二极管；3—光栏板；4—零标志位光槽；5—光敏元件；
6—增量式光电码盘；7—印制电路板；8—电源及信号线连接座

图7-3　增量式光电编码器

　　光电码盘与转轴连在一起，不锈钢码盘的边缘制成几百到几千条透光狭缝，即透光槽。当码盘随工作轴一起转动时，发光二极管发出的光线透过光槽形成忽明忽暗的脉冲信号。再由光敏元件将光脉冲信号转换为电脉冲信号。

　　在增量式光电编码器中，一个脉冲所表示的角度分辨力为

$$\alpha = 360°/n \tag{7-2}$$

式中，n 为透光槽的个数。在工业应用中常用的增量式光电码盘的透光槽必须达到 1024 个

以上，其角度分辨力才可达到 0.35°。

在光栏板上设置两个狭缝，并设置两组对应的光敏元件，一般称为 cos 元件和 sin 元件，计算机通过检测 cos、sin 两路信号的相位差，可判别出码盘的旋转方向。而零标志位光槽的作用是给码盘设置一个基准点，码盘每转动一圈，零标志位光槽对应的光敏元件就产生一个脉冲，称为"零度脉冲"，从而得到码盘转动的绝对位置。

7.2.2　光栅传感器

光栅传感器主要用于长度、角度的精密测量，是一种将机械位移或模拟量转变为数字脉冲的测量装置。它具有测量精度高、响应速度快、抗干扰能力强、量程范围大等特点，可进行非接触测量，易于实现数字测量与自动控制，广泛用于各种精密测量中。

1. 光栅的构成与分类

光栅就是在透明的玻璃板上，均匀地刻出许多明暗相间的条纹，或在金属镜面上均匀地划出许多间隔相等的条纹，通常线条的间隙和宽度是相等的。以透光的玻璃为载体的称为透射光栅，不透光的金属为载体的称为反射光栅。

光栅可分为物理光栅和计量光栅。物理光栅利用光的衍射现象，用于光谱分析和光波波长的测定。通常在计量工作中使用的光栅为计量光栅，例如数字式位移传感器中使用的即为计量光栅。

计量光栅的结构如图 7-4 所示。主要由标尺光栅（主光栅）、指示光栅、光电器件和光源等组成。

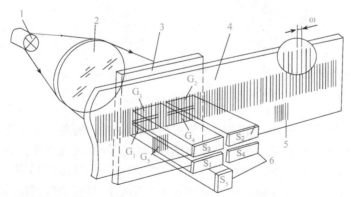

1—光源；2—透镜；3—指示光栅；4—标尺光栅；5—零位光栅；6—光电器件

图 7-4　计量光栅的结构

通常标尺光栅与被测物体相连，随着被测物体的移动产生位移。

计量光栅按照其外形和用途可分为长光栅和圆光栅。

（1）长光栅：又称光栅尺，主要用于长度或直线位移的测量，如图 7-5 和图 7-6 所示。长光栅由长短两块光栅组成。长的一块称为主光栅，短的一块称为指示光栅，两者刻线密度相同。刻线密度由测量精度决定，栅线密度一般为每毫米 25、50、100、250 条等，多的可达每毫米 2400 条。

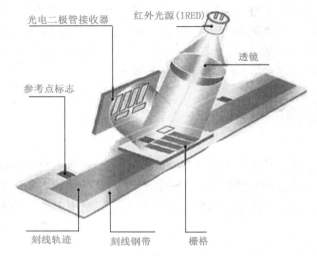

图 7-5　反射式长光栅

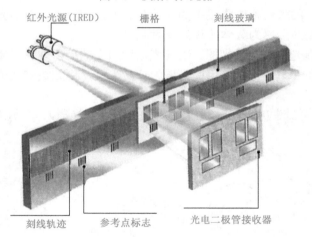

图 7-6　透射式长光栅

（2）圆光栅：又称光栅盘，用来测量角度或者角位移，如图 7-7 所示。根据刻线的方向可分为径向光栅和切向光栅。径向光栅栅线延长线全部通过光栅盘的圆心，切向光栅栅线延长线全部与光栅盘中心的一个小圆（直径为零点几到几毫米）相切。圆光栅也由大小两块光栅组成，大的称为主光栅，小的称为指示光栅，两者的刻线密度相同。圆光栅只有透射光栅一种。

2．光栅传感器的工作原理

如果把两块栅距 W 相等的光栅面平行安装，中间留有很小的间隙，并使两者的栅线保持很小的夹角 θ，这时光栅上会出现若干条明暗相间的条纹，称为莫尔条纹。在两光栅的刻线重合处，光从缝隙透过，形成亮带；在两光栅刻线的错开处，由于相互挡光作用而形成暗带。莫尔条纹是光栅非重合部分光线透过而形成的亮带，由一系列四棱形图案组成，如图 7-8 所示。莫尔条纹的宽度如式（7-3）所示。

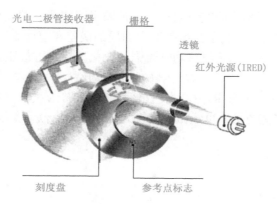

光电二极管接收器　栅格　透镜　红外光源(IRED)　刻度盘　参考点标志

图 7-7　透射式圆光栅

$$L \approx W/\theta \tag{7-3}$$

式中，θ 的单位为 rad，L、W 的单位为 mm。

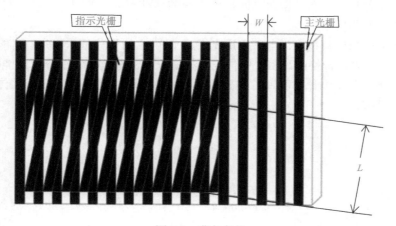

指示光栅　W　主光栅　L

图 7-8　莫尔条纹

莫尔条纹具有以下特点：

（1）莫尔条纹的位移与光栅的移动成比例。

当指示光栅不动，标尺光栅向左右移动时，莫尔条纹将沿着栅线的方向上下移动，光栅每移动过一个栅距 W，莫尔条纹就移动。经过一个莫尔条纹宽度，查看莫尔条纹的移动的方向，即可确定主光栅的移动方向。

（2）莫尔条纹具有位移放大作用。

莫尔条纹的间距 L 与两光栅条纹夹角 θ 具有式（7-4）的关系，所以莫尔条纹的放大倍数为

$$K = L/W \approx 1/\theta \tag{7-4}$$

由此可见，θ 越小，放大倍数越大。在实际应用中，θ 角的取值范围都很小，也就是说，指示光栅与标尺光栅相对移动一个很小的 W 距离时，可以得到一个很大的莫尔条纹移动量 L，可以用测量条纹移动来检测光栅微小的位移，从而实现高灵敏度的位移测量。

（3）莫尔条纹具有平均光栅误差作用。

　　莫尔条纹是由一系列刻线的交点组成，它反映了形成条纹的光栅刻线的平均位置，对各栅距误差起了平均作用，减弱了光栅制造中的局部误差和短周期误差对检测精度的影响。

　　通过光电器件可以将莫尔条纹移动时光强的变化转换为近似正弦变化的电信号：

$$U=U_0+U_m\sin(2\pi x/W) \tag{7-5}$$

式中，U_0 为输出信号的直流分量，U_m 为输出信号的幅值，x 为两光栅的相对位移。将此电压信号进行放大、整形为方波，再经微分转换为脉冲信号。位移量等于脉冲与栅距的乘积，即实现了位移的测量。

　　3．光栅使用技术

　　（1）光栅的辨向技术

　　如果只安装一套光电器件，在实际应用中，无论指示光栅对于主光栅作正向移动还是反向移动，光敏元件都产生数目相同的脉冲信号，计算机无法分辨移动方向。所以必须设置 sin 和 cos 两套光电器件，可以得到两个相位相差 90° 的电信号，由计算机判断两路信号相位差的超前或者滞后状态，据此判断指示光栅的移动方向。

　　（2）光栅的细分技术

　　细分技术又称为倍频技术，用于分辨比栅距 W 更小的位移量。细分电路能在增加光栅刻线数（刻线数越多，价格越昂贵）的情况下提高光栅的分辨力。细分电路能在一个 W 的距离内等间隔地给出 n 个计数脉冲。细分后的计数脉冲频率是原来的 n 倍，传感器的分辨力就会成倍地提高。

任务3　项目实施

7.3.1　系统框图

　　机车速度采集框图如图 7-9 所示，由速度传感单元、滤波整形单元、降压隔离单元以及中央处理单元四部分组成。

图 7-9　机车速度采集框图

7.3.2　速度传感器 DF16

　　1．DF16 速度传感器结构外形

　　DF16 是上海德意达公司（shanghai DEUTA）引进德国 DEUTA 公司全套技术和主要部件组装生产的光电式速度传感器，如图 7-10 所示。

DF16 速度传感器由光电模块、光栅、传动轴、软连接器、14 芯防水插头等部分组成。可以方便地安装于轴箱盖上，传动部分采用软性连接，能克服安装不同心及驱动间隙，具有坚固、密封、抗震、抗冲击、测速范围宽、温度适应范围宽、可靠性好、使用寿命长等特点。适用于国内外各种类型机车的速度、方向、空转及打滑等各项检测。

图 7-10　DF16 速度传感器外形

2. 工作原理

DF16 速度传感器是紧凑型、低维护的测速、测距传感器，通过扫描和轮轴同步的光栅盘的内、外轨道，可输出两种不同脉冲数的方波信号，内轨道每转 80 个脉冲，外轨道每转 200 个脉冲，输出可以是不同脉冲数的各种组合。各通道间彼此隔离，且带有极性保护、输出短路保护。

DF16 速度传感器可输出和速度呈线性比例的方波信号。输出的频率和轮轴转速的关系为

$$f=n\times P/60 \tag{7-6}$$

式中，n 为每分钟转速，f 为传感器输出脉冲频率，一般取 500、1000 或者 2000Hz，P 为光栅槽数，即每转脉冲数。例如，光栅盘外轨道为光栅槽数为 200，频率取 1000Hz，则转速 n 为 300r/min。

3. 主要参数

DF16 速度传感器的主要技术参数包括：

（1）测速范围：0～2000r/min；

（2）每转脉冲数：外轨道 200P/R、内轨道 80P/R；

（3）输出通道数：单、双、三、四；

（4）输出波形：方波；

（5）输出幅度：高电平≥9V，（负载电阻 3kΩ），低电平≤2V；

（6）脉冲占空比：50%±20%；

（7）脉冲相位差：90°±45°（双通道、四通道）顺时针旋转，CH1 超前 CH2，CH2 超前 CH3，CH3 超前 CH4；120°±60°（三通道）顺时针旋转，CH1 超前 CH2，CH2 超前 CH3；

（8）工作电源：DC12～30V；

（9）功耗电流：≤40mA（每通道）；

（10）短路保护：具有输出短路保护功能；

（11）耐压：1500V　50Hz，1min（通道对外壳）；

　　　　　　　500V　　50Hz，1min（各通道间）；

（12）绝缘电阻：正常情况下≥500MΩ，极端湿热情况≥20MΩ；

（13）工作温度：−40～70℃。

4. 接线方法

DF16 可以有四路通道输出，其接线方式如图 7-11 所示。

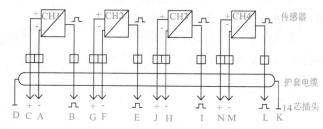

图 7-11　DF16 速度传感器直接出线接线图

其中，速度传感器输出端的定义如表 7-2 所示。

表 7-2　速度传感器输出端定义

通道	电源+	电源-	信号输出（方波）
1	C	A	B
2	G	F	E
3	J	H	I
4	N	M	L

7.3.3　信号处理与采集

1. 信号处理电路

速度信号处理电路原理图如图 7-12 所示，由滤波整形和降压隔离两部分电路组成。

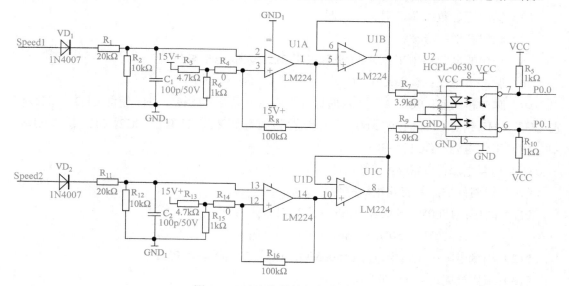

图 7-12　速度信号处理电路原理图

速度信号处理电路将传感器输出的 15V 方波信号转换成 5V 方波信号，并采集两路速度信号，通过判断两路信号的相位差来判别传感器旋转方向。

（1）滤波整形处理电路

滤波整形处理单元由 RC 滤波电路和运算放大器 LM224 构成的整形电路组成。

运算放大器 LM224 是四运放集成电路，它采用 14 引脚双列直插塑料（陶瓷）封装，如图 7-13 所示。其内部包含四组形式完全相同的运算放大器，除电源共用外，四组运放相互独立。电源端 4 脚为 $V_{CC}+$，11 脚为 $V_{CC}-$。

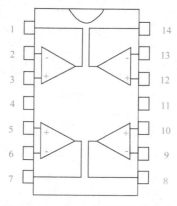

图 7-13　LM224 内部结构及封装

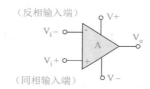

图 7-14　LM224 内部结构及封装

每一组运算放大器可用图 7-14 所示的符号来表示，有 5 个引出脚，其中"+"、"−"为两个信号输入端，"V+"、"V−"为正、负电源端，"V_o"为输出端。两个信号输入端中，V_i-（−）为反相输入端，表示运放输出端 V_o 的信号与该输入端的相位相反；V_i+（+）为同相输入端，表示运放输出端 V_o 的信号与该输入端的相位相同。

（2）降压隔离电路

降压隔离单元由电阻及隔离光耦 HCPL-0630 构成。

HCPL-0630 光电耦合器是结合了 GaAsP 发光二极管和高增益光检测器的光学耦合逻辑门器件，使能输入允许检测器可以被选通，检测器芯片输出为集电极开路的肖特基钳位晶体管。其内部结构及引脚如图 7-15 所示。

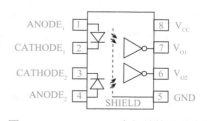

图 7-15　HCPL-0630 内部结构及引脚

HCPL-0630 适合高速逻辑接口、输入和输出缓冲以及传统长线驱动器无法承受环境，在 −40～85℃ 的温度范围内起到输入、输出信号的良好隔离作用。

2. 信号采集

速度信号经信号处理电路处理后送入中央处理单元进行采集和处理。本项目中的中央处理单元选择单片机控制实现。

单片机通过对方波脉冲的计数和运算得出当前机车运动速度，并可驱动数码管显示，或者通过 RS232、总线通信等方式由上位计算机给出速度显示。

单片机部分设计读者可根据需求自行设计。

7.3.4 系统搭建与调试

1. 设备及元器件

设备及元器件要求如表 7-3 所示。

表 7-3 设备及元器件

序　号	设备及元器件	数　量
1	直流稳压电源（双输出）	1 台
2	万用表	1 块
3	电烙铁、尖嘴钳、偏口钳等工具	1 套
4	DF16 速度传感器	1 个
5	JZ-1 转速校验台	1 台
6	双踪示波器	1 台
6	信号处理电路套件	1 套
7	单片机开发板	1 套

2. 元器件识别与检测

（1）根据信号处理电路元器件清单，清点组件；

（2）检测各元器件的性能及参数；

（3）识别速度传感器 DF16。

速度采集信号处理电路元器件清单如表 7-4 所示。

表 7-4 速度采集信号处理电路元器件清单

元器件名称	元器件符号	型　号	数　量
集成运算放大器	U_1	LM224	4
光耦合器	U_2	HCPL-0630	1
电阻	R_1、R_{11}	20kΩ	2
	R_2、R_{12}	10kΩ	2
	R_3、R_{13}	4.7kΩ	2
	R_5、R_6、R_{10}、R_{15}	1kΩ	4
	R_7、R_9	3.9kΩ	2
	R_8、R_{16}	100kΩ	2
电容	C_1、C_2	100pF/50V	2
二极管	VD_1、VD_2	1N4007	2
印刷电路板			1
集成电路插座		8 脚	1
		14 脚	4

3．DF16 速度传感器的测试

（1）转速校验台

JZ-1 转速校验台是由电源、主机板、液晶显示器、键盘、打印机、驱动电动机以及电动机控制装置等组成。其外形及组成结构分别如图 7-16、图 7-17 所示。

图 7-16　JZ-1 转速校验台

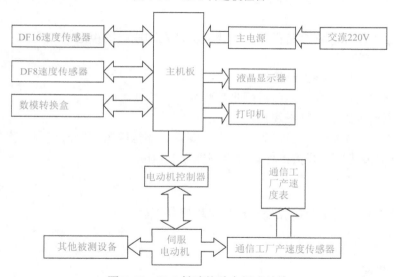

图 7-17　JZ-1 转速校验台组成结构

JZ-1 转速校验台可进行多种产品的测试和设置，分别为：

① 传感器：用于测试光电速度传感器以及霍尔传感器的占空比、相位差、输出信号的高/低电平值或者测试每个通道的输出脉冲总数，以检查是否有脉冲丢失发生。也可用于测试测速发电机等其他类型传感器。

② 双针速度表：用于测试由电流（0～24mA）驱动的各种规格单/双针速度表。以检查表的准确性及是否有卡表现象发生。

③ 数模转换盒：用于测试数模转换盒的输出电流（0～20mA）、供电电压（给速度传感器）、里程计的准确性。

④ 转速测试：用于对电动机进行在其最高转速之内的任意转速控制。

JZ-1 转速校验台可在极低的转速下平稳运行，具有可自动测试和记录、测速范围宽（0～3000r/min）、测试效率高、体积小等优点。在速度传感器的测试和转速产生及测试中得到较广泛应用。

（2）DF16 速度传感器测试

将 DF16 速度传感器安装于转速校验台上，如图 7-18 所示连接好电源及示波器，开启校验台，转速设为 300r/min（对应 200 脉冲/转）或 375 r/min（对应 80 脉冲/转）。观察输出波形。

输出为方波（高电平大于 9V，低电平小于 2V）。两个通道之间相位差 90°±45°，脉冲无丢失、无闪烁，显示稳定，即为正常。传感器转动方向为面向出轴顺时针旋转。

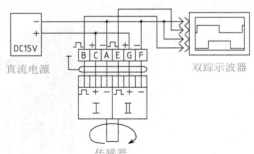

图 7-18　DF16 速度传感器直接出线校验图

4．焊接组装信号处理电路

（1）焊接前准备

① 按照工艺要求对元器件引脚进行整形处理；

② 对照原理图和印刷电路板图，查找元器件在印刷电路板上的位置。

（2）焊接工艺要求

① 电阻器、二极管卧式贴板焊接；

② 电容器根据焊盘孔距，引脚成形后焊接；

③ 集成电路采用插座贴板焊接；

④ 焊点光亮，不能虚焊、连焊、错焊、漏焊、铜箔脱落，同时还要注意用锡要适量。焊完之后，将引脚剪掉，焊板上保留焊点高度 0.5～1mm。

5．程序录入

录入速度信号的采集和运算处理单片机程序并下载。

6．系统搭建与调试

（1）系统搭建

① 将 DF16 速度传感器安装于转速校验台上，通过转速校验台设置转速的方法，模拟机车运行。

② 将 DF16 速度传感器 CH1 和 CH2 输出端连接到速度信号处理电路的两路输入端上。

③ 将信号处理电路的两路速度信号输出连接到单片机开发板上单片机的信号输入端子上。

（2）调试准备

① 检查信号处理电路各元件焊接位置是否正确、有无虚焊和连焊等。

② 将集成运算放大器 LM224 和光耦合器 HCPL-0630 按标志方向插入集成电路插座。

③ 将稳压电源第一路输出调整为 15V，第二路输出调整为 5V。

（3）系统调试

① 在转速校验台上设定转速。

② 开启稳压电源，在速度信号处理电路的输出端连接双踪示波器，观察输出波形是否

正确。

③ 给单片机开发板上电，观察单片机开发板上的转速显示与校验台上设定的转速是否一致。

7．DF16 传感器检修与故障排除

（1）DF16 速度传感器是由机车轮轴通过传感器软性连接器和方轴机械传动的，在传感器正常使用 6 个月之后，需检查传感器软性连接器、方轴以及方轴上的弹片的磨损情况，并进行相应处理。

（2）如果出现软性连接器断裂或者轴卡死现象，原因可能为传动机构同轴度差或长期磨损，疲劳损坏。需更换软性连接器并调整轴箱盖与驱动法兰盘的同轴度，在新的软性连接器上加适量的润滑油脂。

（3）信号输出状态始终为高或低，原因可能为光电模块损坏，可更换模块并重新测试。

（4）通电后，发现过流或短路，原因可能为有超过正常供电电压输入，引起模块短路损坏，需更换模块并重新测试。

（5）速度忽高忽低，甚至突然为零，原因可能为传感器插头没有拧紧，或传感器插头受外力冲击而损坏，导致插头内进水，从而引起接触不良。需清洁插座和插针接触面，拧紧导线插头，或更换插头。

（6）掉速现象，即速度表显示速度比正常值要偏低，但误差不大。需将传感器放在速度校验台上测试，进行脉冲数测试，观察脉冲数是否低于正常值，或用示波器观察脉冲是否有闪烁现象。若出现脉冲数低于正常值或者有闪烁现象，原因可能为传感器腔内有油或灰尘堵住了光栅槽。需打开传感器，用干净的软布将腔体和光栅擦拭干净。

任 务 4　项 目 考 核

项目考核评价表如表 7-5 所示。

表 7-5　项目考核评价表

班　级			组　别				日　期		
小组成员分工	组　长								得分：
	检测员								得分：
	装接工								得分：
	调试工								得分：
	记录员								得分：
考　核　内　容				为其他组相应项目评分					
1．元器件检测：对照清单正确清点检测。（10 分）									

续表

班 级		组 别				日 期		
2. 电路板焊接： （1）元件布局合理，焊接正确；（20分） （2）焊点圆、滑、亮。（10分）								
3. 传感器测试： （1）正确使用转速校验台；（10分） （2）完成 DF16 传感器测试。（10分）								
4. 系统搭建与调试： （1）准确搭建速度采集系统；（10分） （2）完成速度脉冲测试；（10分） （3）设计单片机程序，并完成速度采集与显示。（10分）								
5. 安全文明：安全操作，文明生产。 （1）完成 6S 要求，有创新意识；（5分） （2）遵纪守规，互助协作。（5分）								
教师为本组评分：								

备注：教师根据资料记录和整理情况给记录员打分，记录员负责本组成员打分，本组成员共同商定给其他组打分。

项目测试

1. 选择题

（1）常用的数字式传感器不包括（　　）类型。

  A. 脉冲输出式 B. 电压输出式 C. 编码输出式 D. 频率输出式

（2）绝对式编码器输出的信号是（　　）。

  A. 模拟电流信号 B. 模拟电压信号 C. 脉冲信号 D. 二进制编码

（3）增量式编码器输出的信号是（　　）。

  A. 模拟电流信号 B. 模拟电压信号 C. 脉冲信号 D. 二进制编码

（4）光栅传感器输出的信号是（　　）。

  A. 模拟电流信号 B. 模拟电压信号 C. 脉冲信号 D. 二进制编码

（5）光栅传感器的构成不包括（　　）。

  A. 标尺光栅 B. 指示光栅 C. 光电元件 D. 电刷

（6）光栅中采用 sin 和 cos 两套光电元件是为了（　　）。

  A. 提高信号幅度   B. 完成三角函数运算

  C. 辨向   D. 抗干扰

（7）在速度信号处理电路中使用光耦是为了（　　）。

　　A．滤波　　　　　　B．信号整形　　　　C．降压　　　　　　D．隔离

2．判断题

（1）数字式传感器具有测量精度和分辨率高、抗干扰能力强、稳定性好等优点，但不适宜远距离传输。（　　）

（2）圆光栅可分为反射式圆光栅和透射式圆光栅两种。（　　）

（3）细分技术又称为倍频技术，用于分辨比栅距 W 更小的位移量。（　　）

（4）DF16 速度传感器只可输出每转 200 脉冲的方波信号。（　　）

（5）DF16 可以有四路通道输出。（　　）

（6）转速校验台仅可用于速度传感器的测试。（　　）

3．简答题

（1）旋转编码器分为哪几类，它们各有什么特点？

（2）若有一个 10 圈码道的绝对式编码器，则其能分辨的角度为多少？

（3）简述光栅传感器的工作原理。

（4）简述莫尔条纹的特点。

（5）简述 DF16 速度传感器的构成及工作原理。

（6）如何利用转速校验台进行 DF16 速度传感器的测试？

4．项目拓展

（1）查阅资料，总结出一种速度传感器的技术指标和使用方法。

（2）查阅资料，简述常用的数字传感器还包括哪些。

项目小结

1．数字式传感器是一种能把被测模拟量直接转换为数字量输出的装置。

2．旋转编码器是一种码盘式角度-数字检测元件，通常用于转速的测量。有绝对式编码器和增量式编码器两种基本类型。

3．绝对式编码器输出为二进制编码，增量式编码器输出为脉冲信号。

4．光栅传感器主要用于长度、角度的精密测量，是一种将机械位移或模拟量转变为数字脉冲的测量装置。以刻划条纹的载体不同可分为透射式光栅和反射式光栅，按照其外形和用途可分为长光栅和圆光栅。

5．莫尔条纹的特点包括：莫尔条纹的位移与光栅的移动成比例；具有位移放大作用；具有平均光栅误差作用。

6．速度传感器 DF16 由光电模块、光栅、传动轴、软连接器、14 芯防水插头等部分组成；通过扫描和轮轴同步的光栅盘的内、外轨道，可输出两种不同脉冲数的方波信号，内轨道每转 80 个脉冲，外轨道每转 200 个脉冲；输出的脉冲与速度呈线性比例关系。

项目 8

物料识别系统搭建

知识目标

1. 了解物料识别系统的工作过程；
2. 掌握电感式传感器、电容式传感器、光纤传感器等传感器的结构、工作原理及电气接口特性；
3. 知道传感器的使用注意事项。

技能目标

1. 会使用电感式传感器、光电传感器和光纤传感器等传感器实现工件的识别与检测；
2. 掌握 PLC、传感器、变频器的综合应用。

任务 1　项目任务书

8.1.1　项目描述

在工件生产和加工过程中，经常需要对不同材质或不同颜色的工件进行不同处理，只有识别出工件的类别才能进行相应的生产加工，因此，工件的识别与检测是一项重要的技术。图 8-1 所示 YL-235A 型光机电一体化实训装置，就是通过传感器来完成工件的识别。

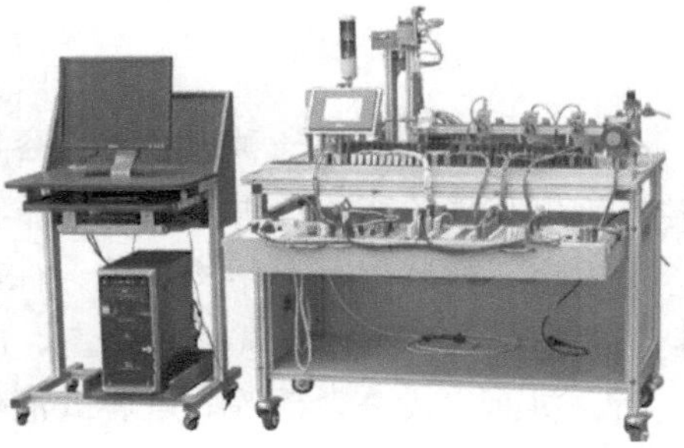

8.1.2　项目任务

某生产线加工金属、白色塑料和黑色塑料三种工件，在该生产线的终端有一个识别装置，用以识别这三种工件。当按下该装置的启动按钮 SB1 时，设备启动，开始工件检测，皮带输送机以 20Hz 的频率正转运行，此时可以从进料口放入工件，当皮带输送机进料口检测到有工件时，输送皮带以 25Hz 的频率正转运行，将工件送到检测位置，当检测出工件的材质时，皮带输送机停止运行，直到该工件被取走后再以 20Hz 的频率正转运行，准备识别下一个工件。当按下停止按钮 SB2 时，设备在识别完当前工件后才停止工作。

图 8-1　YL-235A 型光机电一体化实训装置

任务要求：

（1）选择好传感器；

（2）根据要求，画出物料识别系统的电气控制原理图；

（3）按照电气控制原理图接好线路；

（4）设置变频器参数；

（5）录入 PLC 程序；

（6）调试运行，满足工作过程要求，实现工件的识别检测。

任务 2　信 息 收 集

8.2.1　接近传感器

接近传感器是代替限位开关等接触式检测方式，以无须接触检测对象进行检测为目的的传感器的总称。常用的接近传感器包括检测金属存在的感应型接近传感器、检测金属及非金属物体存在的静电容量型接近传感器、利用磁力产生的直流磁场的磁力传感器等。

接近传感器具有如下特性：

（1）非接触检测，避免了对传感器自身和目标物的损坏；

（2）无触点输出，操作寿命长；

（3）即使在有水或油喷溅的苛刻环境中也能稳定检测；

（4）反应速度快；

（5）小型感测头，安装灵活。

本节主要介绍本项目所用的两种接近传感器，电容式接近开关和电感式接近开关，关于磁性开关详见项目 3 介绍。

1. 电容式传感器

电容式传感器是一种以各种电容器作为敏感元件的传感器，可以将被测物理量的变化转换为电容量的变化，再经测量电路转换为电压、电流或频率的变化。

电容式传感器具有结构简单、性能稳定、灵敏度高、动态特性好等优点，在工程中得到了广泛应用。不仅能够测量荷重、位移、振动、角度、加速度等机械量，还能测量压力、液面、料面、成分含量等。电容式液位传感器如图 8-2 所示，电容式压力传感器如图 8-3 所示。

图 8-2　电容式液位传感器

图 8-3　电容式压力传感器

（1）电容式传感器的工作原理

电容式传感器的工作原理可以用平板式电容器来说明，如图 8-4 所示。平板电容器由两个金属极板构成，中间充有电介质，当忽略边缘效应时，其电容量为：

$$C = \frac{\varepsilon A}{d} \tag{8-1}$$

式中，C 为电容量；ε 为两极板间介质的介电常数；A 为两极板间相互遮盖面积；d 为两极板间距离。

由式（8-1）可见，改变 A、d、ε 三个参量中任意一个量均可使电容量 C 发生改变。也就是说，电容量 C 是 A、d、ε 的函数，这就是电容式传感器的工作原理。根据此原理，一般可以将电容式传感器分为变面积式、变极距式和变介电常数式三种类型。

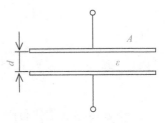

图 8-4　平板电容器

（2）电容式接近开关

电容式接近开关，如图 8-5 所示，是接近传感器的一种，全称静电容量型传感器，能将检测对象的移动信息和存在信息转换成电气信号。一般的静电容量型接近传感器，是对像电容器一样平行配置的两块平行板的容量进行检测，平行板的两侧分别作为被测定物和传感器的检测面。对检测体与传感器之间产生的静电容量变化进行检测。可检测金属与非金属物体的存在与否，几乎不受物体表面颜色影响，属于非接触式传感器。

图 8-5　电容式接近开关

电容式接近开关主要是由电容式振荡器及电子电路组成，它的电容位于传感界面，当物体接近时，将因改变了其耦合电容值而振荡，从而产生振荡或停止振荡使输出信号发生跃变。图 8-6 是电容式接近开关的原理框图，被测物体与电容接近开关的感应电极间的位置信号转换为振荡电路的频率，经信号处理电路，由开关量信号输出。

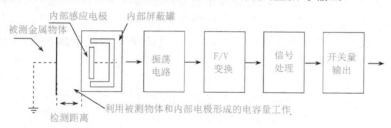

图 8-6　电容式接近开关的原理框图

2. 电感式接近传感器

电感式传感器是利用电磁感应把被测的物理量如位移、压力、流量、振动等转换成线圈的自感系数 L 或互感系数 M 的变化，再由测量电路转换为电压或电流的变化量输出，从而实现非电量到电量的转换。

电感式传感器具有结构简单、灵敏度高、易实现非接触测量等突出的优点，特别适合用于酸类、碱类、氯化物、有机溶剂、液态 CO_2、氨水、PVC 粉料、灰料、油水界面等液位测量，目前在冶金、石油、化工、煤炭、水泥、粮食等行业中应用广泛。由于电感式传感器响应较慢，因而不适合快速动态测量。

电感式传感器，如图 8-7 所示，种类较多，按照转换原理可以分为自感式和互感式两大类。人们习惯上讲电感式传感器通常指的是自感式传感器；而互感式传感

图 8-7　电感式传感器

器，常称为差动变压器式传感器。由于电涡流也是一种电磁感应现象，因而也将电涡流式传感器归为电感式传感器。

电感式接近传感器，如图 8-8 所示，全称感应型接近传感器，也称电感式接近开关。能将检测对象的移动信息和存在信息转换成电气信号。通过外部磁场影响，检测在导体表面产生的电涡流引起的磁性损耗，在检测线圈内使其产生交流磁场，并对检测体的金属体产生的电涡流引起的阻抗变化进行检测。一般检测金属物体的存在与否。

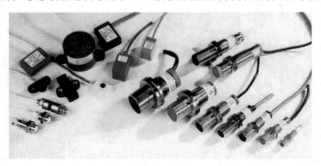

图 8-8　电感式接近开关

电感式接近开关由高频振荡、检波、放大、触发及输出电路等组成。振荡器在传感器检测面产生一个交变电磁场，当金属物体接近传感器检测面时，金属中产生的涡流吸收了振荡器的能量，使振荡减弱以致停振。振荡器的振荡及停振这两种状态，转换为电信号通过整形放大转换成二进制的开关信号，经功率放大后输出。检测金属材料，检测距离为 3～5mm。其原理框图如图 8-9 所示。

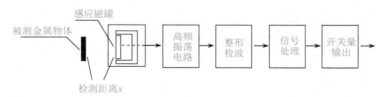

图 8-9　电感式接近开关的原理框图

3. 接近传感器的常用参数与使用

（1）标准检测物体

测定基本性能的被检测物体，其材料、形状、尺寸的规定，如图 8-10 所示。

（2）检测距离

用指定的方法移动标准检测物体，由基准位置（基准面）测出的至动作（复位）为止的距离，如图 8-11 所示。

（3）响应时间

t_1：当标准检测物体进入传感器的动作区域，传感器从处于"动作"状态到输出为 ON 的时间。

t_2：当标准检测物体离开传感器的动作区域，传感器的输出至 OFF 的时间，如图 8-12 所示。

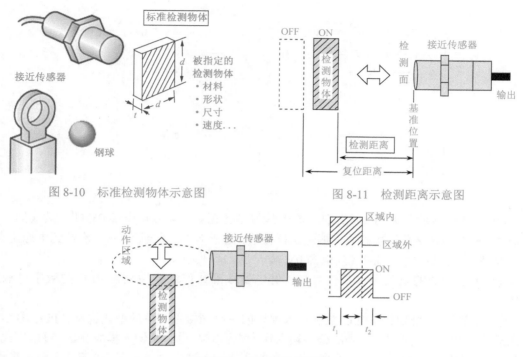

图 8-10 标准检测物体示意图   图 8-11 检测距离示意图

图 8-12 检测时间示意图

（4）响应频率

反复接近标准检测物体时，每秒钟检测随之产生的输出的次数，如图 8-13 所示。

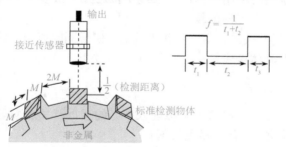

$$f = \frac{1}{t_1 + t_2}$$

图 8-13 响应频率示意图

（5）输出形态

① NPN 晶体管输出：一般常用的输出形态。

② PNP 晶体管输出：主要是装在出口欧洲等的机械上。

③ 无极性输出：可用于交流两线式或直流电路中，不必担心极性出错。

（6）接线

接近开关有两线制和三线制之区别，三线制接近开关又分为 NPN 型和 PNP 型，它们的接线是不同的，如图 8-14 所示。

① 两线制接近开关的接线比较简单，接近开关与负载串联后接到电源即可。

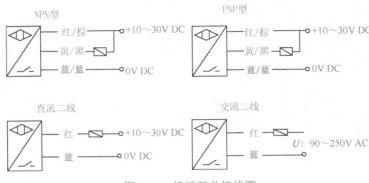

图 8-14　接近开关接线图

② 三线制接近开关的接线：红（棕）线接电源正端；蓝线接电源 0V 端；黄（黑）线为信号，应接负载。而负载的另一端是这样接的：对于 NPN 型接近开关，应接到电源正端；对于 PNP 型接近开关，则应接到电源 0V 端。

③ 接近开关的负载可以是信号灯、继电器线圈或可编程控制器 PLC 的数字量输入模块；

④ 需要特别注意接到 PLC 数字输入模块的三线制接近开关的型式选择。PLC 数字量输入模块一般可分为两类：一类的公共输入端为电源 0V，电流从输入模块流出（日本模式），此时，一定要选用 NPN 型接近开关；另一类的公共输入端为电源正端，电流流入输入模块，即阱式输入（欧洲模式），此时，一定要选用 PNP 型接近开关。

⑤ 两线制接近开关受工作条件的限制，导通时开关本身产生一定压降，截止时又有一定的剩余电流流过，选用时应给予考虑。三线制接近开关虽多了一根线，但不受剩余电流之类不利因素的困扰，工作更为可靠。

⑥ 有的厂商将接近开关的"常开"和"常闭"信号同时引出，或增加其他功能，此种情况，请按产品说明书具体接线。

4．接近开关的安装方式

分齐平式和非齐平式。齐平式（又称埋入型）的接近开关表面可与被安装的金属物件形成同一表面，不易被碰坏，但灵敏度较低；非齐平式（非埋入安装型）的接近开关则需要把感应头露出一定高度，否则将降低灵敏度。接近开关安装方式如图 8-15 所示。

图 8-15　接近开关安装方式

8.2.2　光纤传感器

1．光纤传感器结构与原理

光纤传感器是一种把被测量的状态转变为可测的光信号的装置，也属于光电传感器的范畴，如图 8-16 所示。由光发射器、敏感元件(光纤或非光纤的)、光接收器、信号处理系统以及光纤构成。

图 8-16　光纤传感器

　　光纤传感器利用光导纤维进行信号传输，光导纤维是利用光的完全内反射原理传输光波的一种介质，由高折射率的纤芯和包层组成。包层的折射率小于纤芯的折射率，直径为 0.1～0.2mm。当光线通过端面透入纤芯，达到与包层的交界面时，由于光线的完全内反射，光线反射回纤芯层。这样经过不断的反射，光线就能沿着纤芯向前传播且只有很小的衰减。光纤传感器就是把光发射器发出的光线用光导纤维引导到检测点，再把检测到的信号用光纤引导到光接收器来实现检测的。光纤传感器工作原理示意图如图 8-17 所示。

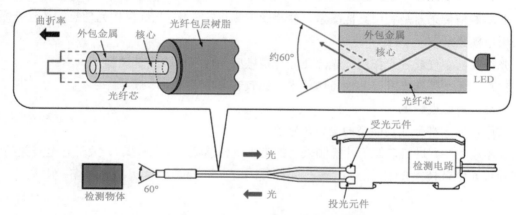

图 8-17　光纤传感器工作原理示意图

　　光纤传感器可以实现被检测物体在较远区域的检测，但由于光纤损耗和光纤色散的存在，在长距离光纤传输系统中，必须在线路适当位置设立中级放大器，以对衰减和失真的光脉冲信号进行处理及放大。本项目所采用的光纤传感器即由放大器单元、光纤单元和配线接插件单元三个组件组成。因为检测部由光纤构成，没有电气构造，因而光纤传感器耐干扰性能良好。光纤传感器光纤部及放大器部如图 8-18 所示。

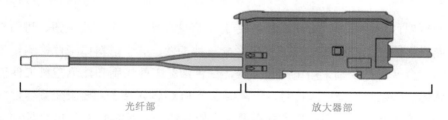

图 8-18　光纤传感器光纤部及放大器部

2. 光纤传感器分类

　　光纤传感器可以分为两大类：一类是功能型（传感型）传感器；另一类是非功能型（传

光型）传感器。

（1）功能型传感器

功能型传感器是利用光纤本身的特性把光纤作为敏感元件，被测量对光纤内传输的光进行调制，使传输的光的强度、相位、频率或偏振态等特性发生变化，再通过对被调制过的信号进行解调，从而得出被测信号。

光纤在其中不仅是导光媒质，而且也是敏感元件，光在光纤内受被测量调制，多采用多模光纤。

优点：结构紧凑、灵敏度高。

缺点：须用特殊光纤，成本高。

典型例子：光纤陀螺、光纤水听器等。

（2）非功能型传感器

非功能型传感器是利用其他敏感元件感受被测量的变化，光纤仅作为信息的传输介质，常采用单模光纤。

光纤在其中仅起导光作用，光照在光纤型敏感元件上受被测量调制。

优点：无须特殊光纤及其他特殊技术，比较容易实现，成本低。

缺点：灵敏度较低。

实用化的大都是非功能型的光纤传感器。

在本项目中，进料口的工件检测采用的是光电传感器（光电开关），关于光电开关的内容在项目 6 中有具体介绍。

任务 3　项目实施

8.3.1　选择 PLC 类型和 I/O 设备

1. 设备选择

通过分析项目任务可知，工作过程需要 1 个启动按钮、1 个停止按钮、进料口需要 1 个传感器做物料检测，需要 3 个传感器来区分三种工件，其中进料口工件检测传感器选择光电传感器，金属工件识别采用电感传感器，白色塑料工件识别和黑色塑料工件识别均采用光纤传感器，所以共 6 个输入信号，即需要 6 个 PLC 输入端子；要求变频器控制皮带输送机以两种速度正转运行，因而变频器需要 3 个控制信号，即需要 3 个 PLC 输出端子。因此，使用 FX2N-48MR 的 PLC 主机单元即可满足控制的 I/O 要求。

项目设备材料如表 8-1 所示。

表 8-1 设备材料表

序号	设备名称	符号	型号规格	单位	数量
1	可编程序控制器	PLC	FX2N-48MR	台	1
2	变频器		FX-E500	台	1
3	断路器	QS2	DZX4-60/2P	个	1
4	熔断器	FU	RT18-32/6A	个	1
5	电动机	M1		台	1
6	工件检测传感器	SQ1	E3Z-LS61	个	1
7	金属工件识别传感器	SQ2	NSN40-12M60-E0	个	1
8	白色塑料工件识别传感器	SQ3	E3X-NA11	个	1
9	黑色塑料工件识别传感器	SQ4	E3X-NA11	个	1
10	启动按钮	SB1	L16A	个	1
11	停止按钮	SB2	L16A	个	1

2. 传感器认识

（1）电感传感器，如图 8-19 所示。

图 8-19 电感式传感器

（2）光电传感器，如图 8-20 所示。
（3）光纤传感器，如图 8-21 所示。

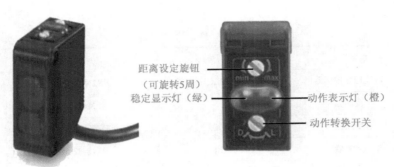

（a）E3Z-L型光电开关外形 （b）调节旋钮和显示灯

图 8-20 光电式传感器

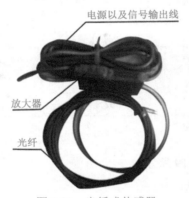

图 8-21 光纤式传感器

8.3.2 I/O 地址分配

I/O 分配表如表 8-2 所示。

表 8-2 I/O 分配表

输 入 信 号			输 出 信 号		
序号	名 称	地 址	序号	名 称	地址
1	启动按钮	X0	1	变频器 STF（正转）	Y0
2	停止按钮	X1	2	变频器 RH（高速）	Y1
3	入料口光电传感器	X2	3	变频器 RM（中速）	Y2
4	电感传感器	X3			
5	光纤传感器 A（白色）	X4			
6	光纤传感器 B（黑色）	X5			

8.3.3 绘制电气控制原理图

根据工作任务要求，结合 PLC 输入/输出地址分配表，绘制出电气控制原理图，如图 8-22 所示。

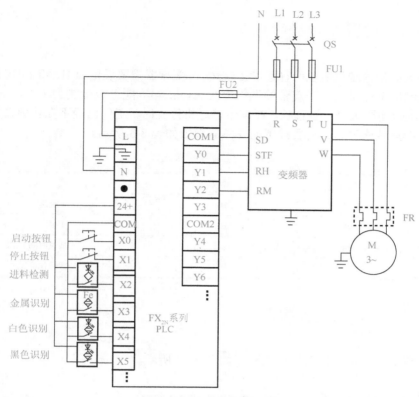

图 8-22　电气控制原理图

8.3.4　硬件接线

注意：操作前断开电源和所有断路器、开关。

1. PLC 接线

将 220V 交流电源连接至 PLC 电源端子 L、N，注意火线和零线不能接反、PE 端接地。

2. 输入设备接线

（1）按钮接线

将"启动按钮 SB1"和"停止按钮 SB2"的一端接至 PLC 输入 COM 端子，另一端分别接至 PLC 相应的输入端 X1 和 X2。

（2）传感器接线

将各传感器棕色线接至 PLC 内置 24V 端子，蓝色线接至 PLC 输入 COM 端子，黑色线分别接相应输入端（X2、X3、X4、X5）。注意不能接错。

3. 输出设备接线

将变频器 SD 端（公共端）接至 PLC 输出 COM1 端；变频器正转端子 STF、高速端子 RH、中速端子 RM 分别接至 PLC 相应输出端子 Y0、Y1、Y2。

8.3.5 设置变频器参数

任务要求皮带输送机能以两种速度正转运行,变频器需要设定 20Hz 和 25Hz 两种频率;另外要求检测出工件材质,在皮带输送机停止后,传感器能继续检测到工件,如果减速时间过长,则皮带输送机停止过程长,在皮带输送机停止时,工件已经不在传感器检测位置,因而还需要设置减速时间。需要设置的变频器参数如表 8-3 所示。

表 8-3 变频器参数设置

序号	参数代号	参数值	说　　明
1	P4	25Hz	高速
2	P5	20Hz	中速
3	P8	1s	减速时间
4	P79	2	外部操作模式

8.3.6 录入 PLC 程序

根据工作过程分析,参考梯形图程序如图 8-23 所示。

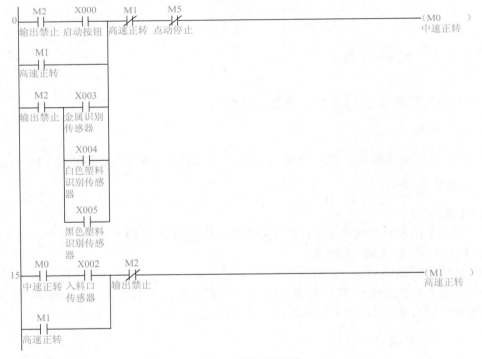

图 8-23　梯形图程序

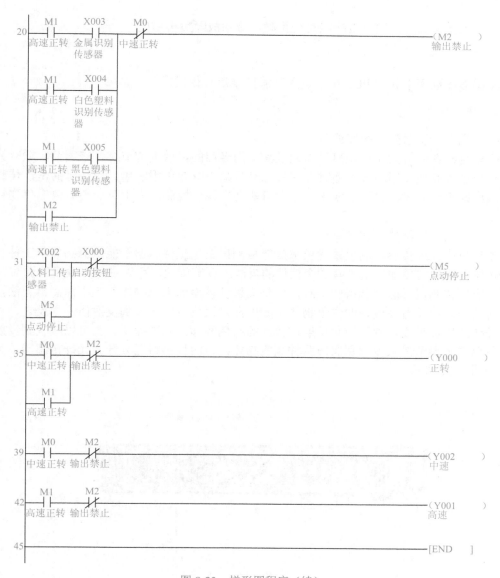

图 8-23　梯形图程序（续）

8.3.7　联机调试与故障排除

在联机调试过程中，梯形图程序进入监视状态，调试过程如下：

1. 接线检查

在传感器、变频器和 PLC 接线完成后，再次检查接线是否正确。

2. 通电检查

接线检查完成后，PLC、计算机和变频器通电，检查控制系统有无异常。如果出现异常要立即关闭电源，再次检查接线是否正确，排除故障后再通电。

3．程序下载

将梯形图程序下载到 PLC 中，进入带载监视运行模式。

4．传感器灵敏度调节

（1）光电传感器的灵敏度调节

光电传感器的有效作用距离可以通过其上面专门的灵敏度调节螺钉来调节，顺时针调整螺钉将增大有效作用距离，逆时针调整螺钉将减小有效作用距离。应注意的是，传感器的灵敏度既不能太大，也不能太小，太大可能会出现误检测，太小可能会导致黑色物料检测不到。

（2）光纤传感器的灵敏度调节

本项目中光纤传感器的灵敏度要求是能检测出白色工件，但不能检测到黑色工件。在光纤传感器的放大器面板上带有 8 个挡位的灵敏度调节旋钮，可以进行灵敏度的调节。

当光纤传感器灵敏度调得较小时，对于反射性较差的黑色物体，光电探测器无法接收到反射信号；而反射性较好的白色物体，光电探测器就可以接收到反射信号。反之，若调高光纤传感器灵敏度，则即使对反射性较差的黑色物体，光电探测器也可以接收到反射信号。所以通过调节灵敏度判别黑白两种颜色物体，将两种物料区分开。光纤传感器放大器面板如图 8-24 所示。

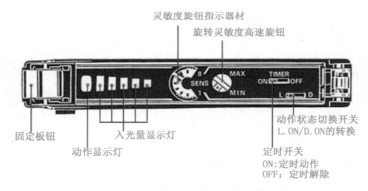

图 8-24　光纤传感器放大器面板

5．功能调试

（1）将 PLC 的状态转换到 RUN。按下启动按钮，检查皮带输送机是否以 20Hz 的频率运行；

（2）从进料口放入工件，检查皮带输送机是否以 25Hz 的频率运行，当检测出工件材质后，观察皮带输送机是否停止；

（3）取走工件，检查皮带输送机是否又以 20Hz 的频率运行，同时检测各机械传动部件是否达到了规定的工艺要求；

（4）一种工件识别后，再进行另外两种工件的识别，从进料口放入材质不同的工件，重复（2）和（3）。

6. 故障排除

在联机调试过程中，如果出现故障，应先排除故障后再调试。

故障排除过程中，首先应检查梯形图程序，如触点是否有错、输出是否有错、逻辑关系是否正确、横线或竖线连接是否正确，有没有短路等，直至所有故障都排除为止。再检查 PLC 输入与输出接线情况，以保证输入设备和输出设备都接在正确的端子上。

任务 4　项目考核

项目安装完工后，根据如表 8-4 所示的验收表进行项目验收。项目考核表如表 8-5 所示。

表 8-4　项目验收表

项目验收单		项目名称		项目承接人		编　号	
		工件检测与识别控制					
验收人		验收开始时间		验收结束时间			
验　收　内　容						是	否
一、硬件选型和绘图	1. 能根据控制要求，正确画出工艺流程图						
	2. 能正确选择项目所用的 PLC、传感器和变频器设备，并认识各设备						
	3. PLC 控制 I/O 分配表设计正确、合理						
	4. 能根据设计要求画出 PLC 接线图						
	5. 接线图规范清晰、元器件文字代号准确完整						
二、硬件安装接线	1. 能按照接线图进行 PLC、传感器和变频器的接线操作						
	2. 电路接线正确						
	3. 紧固件规格、型号选用正确，工具使用规范						
	4. 能正确使用万用表或验电笔检查线路						
	5. 无导线、塑料件、螺钉螺帽、外壳等丢失、损伤现象						
三、程序录入及调试	1. 会操作三菱编程软件						
	2. 能正确录入程序，并会显示和阅读指令表程序						
	3. 能正确进行程序修改、插入等程序的编辑操作						
	4. 能将计算机中的梯形图程序下载到 PLC 中						
四、联机调试与故障排除	1. 能按照被控设备动作要求进行联机调试，达到设计要求						
	2. 能正确调试工件检测与识别控制系统						
	3. 能根据 PLC 运行故障进行常见故障检查						
	4. 能排除 PLC 外围器件和接线的常见故障						
五、安全文明操作	1. 必须穿戴劳动防护用品						
	2. 遵守劳动纪律，注意培养一丝不苟的敬业精神						
	3. 注意安全用电，严格遵守本专业操作规程						

项目验收单		项目名称	项目承接人	编 号
		工件检测与识别控制		
验收人		验收开始时间	验收结束时间	
验 收 内 容			是	否
五、安全文明操作	4. 保持工位文明整洁，符合安全文明生产			
	5. 工具仪表摆放规范整齐，仪表完好无损			
六、实施过程				
七、项目展示				
项目承接人签名		检查人签名	教师签名	

表 8-5 项目考核表

			考 核 内 容	项目分值	自我评价	小组评价	教师评价
考核项目	专业能力 60%	1. 工作准备的质量评估	（1）器材和工具、仪表的准备数量是否齐全与检验的方法是否正确 （2）辅助材料准备的质量和数量是否适用 （3）工作周围环境布置是否合理、安全	10			
		2. 工作过程各个环节的质量评估	（1）工作顺序安排是否合理 （2）计算机编程软件使用是否正确 （3）图纸设计是否正确规范 （4）导线的连接是否能够安全载流、绝缘是否安全可靠、放置是否合适 （5）安全措施是否到位	20			
		3. 工作成果的质量评估	（1）程序设计是否功能齐全 （2）电器安装位置是否合理、规范 （3）程序调试方法是否正确 （4）环境是否整洁干净 （5）其他物品是否在工作中遭到损坏 （6）整体效果是否美观	30			
	综合能力 40%	信息收集能力	基础理论、收集和处理信息的能力；独立分析和思考问题的能力	10			
		交流沟通能力	传感器的选择方案；梯形图程序设计及录入；硬件安装、调试总结	10			
		分析问题能力	传感器的选择、安装接线、联机调试基本思路、基本方法研讨	10			
		团结协作能力	小组中分工协作、团结合作能力	10			
备注	强调项目成员注意安全规程及其行业标准，本项目可以小组或个人形式完成。						

项目验收后，即可交付用户。

项目测试

1. 选择题

（1）光纤传感器属于（　　）传感器的范畴。

　　A．热电　　　　　　B．压电　　　　　　C．光电　　　　　　D．霍尔

（2）本项目中，入料口工件检测传感器使用的是（　　），金属工件识别使用的是（　　），白色塑料工件识别使用的是（　　），黑色塑料工件识别使用的是（　　）。

　　A．电容式接近开关　　　　　　　B．电感式接近开关

　　C．光电开关　　　　　　　　　　D．光纤传感器

2. 填空题

（1）根据电容式传感器的工作原理，电容式传感器分为（　　）式、（　　）式和（　　）式三种类型。

（2）电容式接近开关主要是由（　　）及电子电路组成。

（3）电感式传感器的工作原理基于（　　）现象。

（4）电感式传感器种类较多，按照转换原理可以分为（　　）式和（　　）式两大类。

（5）电感式接近开关由（　　）、（　　）、（　　）、（　　）及输出电路等组成。

（6）接近开关有两线制和三线制之区别，三线制接近开关又分为（　　）型和（　　）型。

（7）光纤传感器可以分为两大类：一类是（　　）型传感器；另一类是（　　）型传感器。

（8）光纤传感器主要由（　　）、（　　）、（　　）、（　　）以及（　　）构成。

3. 简答题

（1）常用的接近传感器有哪些？接近传感器有什么特性？

（2）接近传感器接线时应注意哪些问题？

（3）如何调节光电传感器的灵敏度？改变其灵敏度后，检测结果会有什么变化？

（4）如何调节光纤传感器的灵敏度？改变其灵敏度后，检测结果会有什么变化？

（5）举出几个使用光纤传感器的例子。

4. 思考题

该项目中入料口工件检测传感器是否可以使用其他传感器替代？

5．项目拓展

尝试采用其他传感器实现工件的识别。

项目小结

1．接近传感器是代替限位开关等接触式检测方式，以无须接触检测对象进行检测为目的的传感器的总称。常用的接近传感器包括检测金属存在的感应型接近传感器、检测金属及非金属物体存在的静电容量型接近传感器、利用磁力产生的直流磁场的磁力传感器等。

2．电容式接近开关是接近传感器的一种，能将检测对象的移动信息和存在信息转换成电气信号。对检测体与传感器之间产生的静电容量变化进行检测。可检测金属与非金属物体的存在与否，几乎不受物体表面颜色影响，属于非接触式传感器。

3．电感式接近开关能将检测对象的移动信息和存在信息转换成电气信号。通过外部磁场影响，检测在导体表面产生的电涡流引起的磁性损耗，在检测线圈内使其产生交流磁场，并对检测体的金属体产生的电涡流引起的阻抗变化进行检测。一般检测金属物体的存在与否。

4．光纤传感器是一种把被测量的状态转变为可测的光信号的装置，利用光导纤维进行信号传输。当光线通过端面透入纤芯，在达到与包层的交界面时，由于光线的完全内反射，光线反射回纤芯层。这样经过不断的反射，光线就能沿着纤芯向前传播且只有很小的衰减。光纤传感器就是把光发射器发出的光线用光导纤维引导到检测点，再把检测到的信号用光纤引导到光接收器来实现检测的。

项目 9

工业视觉系统搭建

知识目标

1. 认识光学传感器；
2. 了解工业相机的原理；
3. 掌握视觉系统的基本构成；
4. 掌握工业视觉系统的基本应用。

技能目标

1. 会根据需要选择合适的工业相机和镜头；
2. 会搭建简单的视觉系统；
3. 能够进行简单的应用。

任务 1　项目任务书

9.1.1　项目描述

视觉处理系统是人工智能及自动化相关产业必不可少的核心零部件之一，而工业相机又是视觉处理系统的核心部件之一。目前，含有视觉处理系统的人工智能及自动化产品广泛应用于国民经济、国防、科技等重要领域。例如，在工业检测领域，用于包装质量检测、印刷质量检测、半导体集成电路封装检测、制药生产线检测等；在机器人导航和视觉伺服系统领域，通过图像定位和图像理解，向机器人运动控制系统反馈目标或自身状态与位置信息，用于机械手的抓取和移动工件。在医学领域，利用数字图像的边缘提取与图像分割技术，自动完成细胞个数的计数或统计。因此普及工业相机及视觉处理系统的知识势在必行。图 9-1 是两种常见的工业相机。

图 9-1　高速相机和配好镜头的高清相机

9.1.2　项目任务

根据给定要求选择合适的相机、镜头、控制卡，构画系统图，按照流程搭建简易的工业视觉系统，制作一台尺寸测试装置。

任务 2　信 息 收 集

9.2.1　工业相机的基本知识

1. 定义

工业相机又称照相机，是将被测光信号转换成电信号的输出装置，是实现图像检测和图像识别的首要环节。它具有高图像稳定性、高传输能力和高抗干扰能力等优良性能，因此在很多领域得到广泛应用。

2. 组成

工业相机一般由高度集成的 CCD 或 CMOS 传感器模块和密闭外壳两部分组成，传感器模块集成了敏感元件和转换放大传输线路，由于其高集成特性，对于工程技术人员无须详细了解内部线路，只关注根据应用选型即可。图 9-2 所示为 CCD 传感器外观。

3. 感光原理

CCD 传感器每一行中的每一个像素电荷数据都会依次传送到下一个像素中，由最底端部分输出，再经由传感器边缘的放大器输出；而在 CMOS 传感器中，每个像素都会邻接一个放大器及 A/D 转换电路，用类似内存电路方式将数据输出。图 9-3 所示为 CCD 与 CMOS 传感器数据传输的原理示意图。

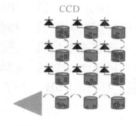
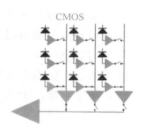

图 9-2　工业相机的核心元件 CCD 传感器　　图 9-3　CCD 与 CMOS 传感器数据传输示意图

4. CCD 和 CMOS 性能差异

（1）灵敏度

由于 CMOS 传感器的每个像素由四个晶体管与一个感光二极管构成（含放大器与 A/D 转换电路），使得每个像素的感光区域远小于像素本身的表面积，因此在像素尺寸相同的情况下，CMOS 传感器的灵敏度要低于 CCD 传感器。

（2）成本

由于 CMOS 传感器采用 CMOS 工艺，集成度高，可节省外围芯片成本；由于控制 CCD 传感器的成品率比 CMOS 传感器困难许多，因此，CCD 传感器的成本会高于 CMOS 传感器。

（3）分辨率

CMOS 传感器的每个像素都比 CCD 传感器复杂，其像素尺寸很难达到 CCD 传感器的水平，因此，CCD 传感器的分辨率优于 CMOS 传感器。

（4）噪声

由于 CMOS 传感器的每个感光二极管都搭配一个放大器，而放大器属于模拟电路，很难让每个放大器所得到的结果保持一致，因此与只有一个放大器放在芯片边缘的 CCD 传感器相比，CMOS 传感器的噪声就会增加很多，影响图像品质。

（5）功耗

CMOS 传感器的图像采集方式为主动式，感光二极管所产生的电荷会直接由晶体管放大输出；CCD 传感器为被动式采集，需外加电压让每个像素中的电荷移动，而外加电压通常需要达到 12～18V；因此，CCD 传感器除了其电源电路更复杂以外，驱动电压高使其功耗也远高于 CMOS 传感器。

综上所述，CCD 传感器在灵敏度、分辨率、噪声控制等方面都优于 CMOS 传感器，而 CMOS 传感器则具有低成本、低功耗和高整合度的特点。不过，随着 CCD 与 CMOS 传感器技术的进步，两者的差异会逐渐缩小。例如，CCD 传感器降低功耗，用于移动通信；CMOS 传感器改善分辨率和灵敏度，用于更高端的图像产品。

5. 分类

（1）按芯片类型分为 CCD 相机、CMOS 相机；
（2）按传感器的结构特性分为线阵相机、面阵相机；
（3）按扫描方式分为隔行扫描相机、逐行扫描相机；
（4）按分辨率大小分为普通分辨率相机、高分辨率相机；
（5）按输出信号方式分为模拟相机、数字相机；
（6）按输出色彩可以单色（黑白）相机、彩色相机；
（7）按输出信号速度分为普通速度相机、高速相机；
（8）按响应频率范围分为可见光（普通）相机、红外相机、紫外相机等；
（9）按输出接口形式又有 RJ45、USB、IEEE1394、RS422、RS644 等。

6. 特性

工业相机的特性参数如下：

（1）像素数

工业相机 CCD 传感器的最大像素数。对于一定尺寸的 CCD 芯片，像素数越多则每一像素单元的面积越小，因而工业相机的分辨率也就越高。

（2）分辨率

当工业相机摄取等间隔排列的黑白相间条纹时，在监视器上能够看到的最多线数。

（3）最低照度

当被摄景物的光亮度低到一定程度，而使工业相机输出的视频信号电平低到某一规定值时的景物光亮度值。

（4）信噪比

信号对噪声的比值乘以 20log。CCD 工业相机的信噪比的典型值为 45～55dB。

（5）自动光圈接口

标准 CCD 工业相机大都带有驱动自动光圈镜头的接口，有些提供两种驱动方式（视频驱动、直流驱动）。视频驱动方式是工业相机由视频信号驱动电动机转动；直流驱动方式是工业相机内部增加了镜头光圈电动机驱动电路，可直接输出直流控制电压到镜头内的光圈电动机并使其转动。视频驱动自动光圈接口有 3 个针，即电源正、视频和接地；直流驱动自动光圈接口有 4 个针，即阻尼正、阻尼负、驱动正和驱动负。

（6）电子快门

比照照相机机械快门的功能术语，相当于控制 CCD 图像传感器的感光时间。

（7）自动增益控制

工业相机输出的视频信号必须达到电视传输规定的标准电平，即 0.7VPP，为了能在不同的景物照度条件下都能输出 0.7VPP 的标准视频信号，放大器的增益必须能在较大范围内进行调节。这种增益调节通常都是自动完成的，实现此功能的电路称为自动增益控制电路，简称 AGC 电路。

（8）背光补偿

背光补偿也称做逆光补偿或逆光补正，可以有效补偿工业相机在逆光环境下拍摄时画面主体黑暗的缺陷。

（9）线锁定同步

利用交流电源来锁定工业相机场同步脉冲的一种同步方式。当图像出现因交流电源造成的网波干扰时，将此开关拨到线锁定同步（L、L）位置，就可消除交流电源的干扰。

（10）白平衡与黑平衡

白平衡直接影响重现图像的彩色效果，当工业相机白平衡设置不当时，重现图像就会出现偏色，特别是会使不带色彩的景物也着上了颜色。黑平衡是工业相机在拍摄黑色景物或者盖上镜头盖时，输出的 3 个基本电平应相等，使监视器屏幕上重现纯黑色。

（11）水平相位调整

水平相位（HP）也称做行相位，它与彩色副载波具有严格的锁定关系。

（12）垂直相位调整

垂直相位调整也称做场相位，它与行相位也具有严格的锁定关系，主要是用于保证正确的电视扫描规律。

7．应用

由于以工业相机为核心的机器视觉系统可以快速获取大量信息，而且易于自动处理，也易于同设计信息以及加工控制信息集成，因此，在现代自动化生产过程中，人们将机器视觉系统广泛地用于工况监视、成品检验和质量控制等领域。

机器视觉系统的特点是提高生产的柔性和自动化程度。在一些不适合于人工作业的危险工作环境或人工视觉难以满足要求的场合，常用机器视觉来替代人工视觉；同时在大批量工业生产过程中，用人工视觉检查产品质量时，效率低且精度不高，用机器视觉检测方法可以大大提高生产效率和生产自动化程度。而且机器视觉易于实现信息集成，是实现计算机集成制造的基础技术。

（1）工业检测系统

工业检测系统分为定量和定性检测两大类。机器视觉应用于在线检测领域，如印刷电路板的视觉检查、钢板表面的自动探伤、大型工件平行度和垂直度测量、容器容积或杂质检测、机械零件的自动识别分类和几何尺寸测量等。

（2）质量检测系统

机器视觉系统在质量检测中得到了广泛的应用，例如，采用激光扫描与 CCD 探测系统的大型工件平行度、垂直度测量仪；在加工或安装大型工件时，可以用认错器测量面间的平行度及垂直度；以频闪光作为照明光源，利用面阵和线阵 CCD 作为螺纹钢外形轮廓尺寸探测器，实现热轧螺纹钢几何参数在线测量动态检测系统；实时监控轴承负载和温度变化，消除过载和过热的危险；将测量滚珠表面加工质量和安全操作的被动测量变为主动监控；用微波作信号源，根据微波发生器发出不同频率的方波，测量金属表面裂纹，微波的频率越高，可测的裂纹越狭小。

（3）仪表板总成智能集成测试系统

EQ140-Ⅱ汽车仪表板总成是汽车仪表产品，仪表板上安装有速度里程表、水温表、汽油表、电流表、信号报警灯等，生产批量大，出厂前需要进行一次质量终检。检测项目包括：检测速度表等 5 个仪表指针的指示误差；检测 24 个信号报警灯和 9 个照明灯是否损坏或漏装。采用人工目测方法检查时，误差大，可靠性差。机器视觉实现了对仪表板总成智能化、全自动、高精度、快速的质量检测。

（4）金属板表面自动控伤系统

金属板，如大型电力变压器线圈扁平线等，采用人工目视或用百分表加控针的检测方法不仅易受主观因素的影响，而且可能会使被测表面带来新的划伤。金属板表面自动探伤系统利用机器视觉技术，对金属表面缺陷进行自动检查，在生产过程中高速、准确地进行检测，同时由于采用非接触式测量，避免了新划伤。

（5）汽车车身检测系统

英国 ROVER 汽车公司 800 系列汽车车身轮廓尺寸精度的 100%在线检测，是机器视觉系统用于工业检测中的典型例子，该系统由 62 个测量单元组成，每个测量单元包括一台激光器和一个 CCD 摄像机，用以检测车身外壳上 288 个测量点。汽车车身置于测量框架下，通过软件校准车身的精确位置。每个激光器/摄像机单元均经过校准，同时还有一个校准装置，可对摄像机进行在线校准。检测系统以每 40s 检测一个车身的速度，检测三种类型的车身。系统将检测结果与合格尺寸比较，测量精度为±0.1mm，用来判别关键部分的尺寸一致性，如车身整体外型、门、玻璃窗口等。

（6）纸币印刷质量检测系统

该系统利用图像处理技术，通过对纸币生产流水线上的纸币 20 多项特征（号码、盲文、颜色、图案等）进行比较分析，检测纸币的质量，替代传统的人眼辨别的方法。

（7）智能交通管理系统

通过在交通要道放置摄像头，当有违章车辆（如闯红灯）时，摄像头将车辆的牌照拍摄下来，传输给中央管理系统，系统利用图像处理技术，对拍摄的图片进行分析，提取出车牌号，存储在数据库中，可以供管理人员进行检索。

（8）金相分析

金相图像分析系统能对金属或其他材料的基体组织、杂质含量、组织成分等进行精确、客观地分析，为产品质量提供可靠的依据。

（9）医疗图像分析

血液细胞自动分类计数、染色体分析、癌症细胞识别等。

（10）瓶装啤酒生产流水线检测系统

可以检测啤酒是否达到标准的容量、啤酒标签是否完整等。

9.2.2　工业视觉检测系统

1. 系统构成

典型的视觉系统一般由图像采集、图像分析处理和输入输出三大部分构成。图像采集部分包括光源、光学系统（或称为镜头或镜头组）、相机、图像采集单元（或称图像采集卡）；图像处理部分包括集成各种图像处理算法的图像分析处理软件；输入输出部分包括监视器、通信/输入输出单元等。图 9-4 所示为典型的视觉系统构成图。

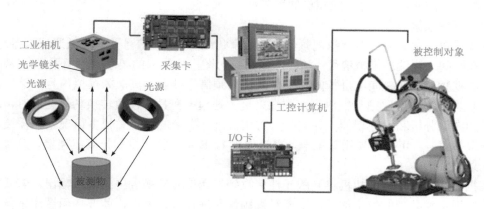

图 9-4　典型的视觉系统构成图

2. 图像采集

图像的获取是将被测物体的图像和特征转换成能被计算机处理的数据。一般利用光源、光学系统、相机和图像处理单元（或图像捕获卡）获取被测物体的图像。

（1）光源

光源是影响机器视觉系统输入的重要因素，直接影响输入数据的质量至少为 30%的应用效果。由于机器视觉没有照明设备，所以针对每个特定的应用实例，要选择相应的照明装置，以达到最佳效果。许多工业机器视觉系统用可见光作为光源，这主要是因为可见光易得、价格低，且便于操作。常用可见光源有白帜灯、日光灯、水银灯和钠光灯等。但是，这些光源的最大缺点是光能不稳定。以日光灯为例，在使用的第一个 100h 内，光能将下降15%，随着使用时间的增加，光能将不断下降。另一方面，环境光将改变光源照射到物体上的总光能，使输出的图像数据存在噪声，一般采用加防护屏的方法，减少环境光的影响。由于存在上述问题，在工业应用中，对于要求高的检测任务，常采用 X 射线、超声波等不可见光作为光源。图 9-5所示为常用的环形单色和多色光源。

图 9-5　常用的环形单色和多色光源

由光源构成的照明系统可分为背向照明、前向照明、结构光照明和频闪光照明等。其中，背向照明是被测物放在光源和相机之间，它的优点是能获得高对比度的图像；前向照明是光源和相机位于被测物的同侧，这种方式便于安装；结构光照明是将光栅或线光源等投射到被测物上；频闪光照明是将高频率的光脉冲照射到物体上。

（2）光学系统

对于机器视觉系统来说，图像是唯一的信息来源，而图像的质量是由光学系统决定的。通常，图像质量差引起的误差不能用软件纠正。机器视觉技术把光学部件和成像电子结合在一起，并通过计算机控制系统来分辨、测量、分类和探测被处理的产品。机器视觉系统能快到 100%地探测产品而不会降低生产线的速度。制造商需要"6-sigma"（小于 3%的有效单位）结果，以使产品更有竞争力。另外，这些系统能够与满意过程控制（SPC）非常理想的配合。图 9-6 所示为工业相机的镜头。

（3）图像采集卡

图像采集卡主要完成对模拟视频信号的数字化处理。视频信号首先经低通滤波器滤波，转换为在时间上连续的模拟信号；按照应用系统对图像分辨率的要求，使用采样/保持电路对连续的视频信号在时间上进行间隔采样，把视频信号转换为离散的模拟信号；然后再由A/D 转换器转变为数字信号输出。而图像采集／处理卡在具有模数转换功能的同时，还具有对视频图像分析和处理功能，并同时可对相机进行有效的控制。很多情况下，需要处理的数据量不大时，可以不使用采集卡，直接使用 USB 口，将相机和计算机连接，直接进行数据采集即可。

在机器视觉系统中，相机将光敏元件接收到的光信号转换为电压信号输出。若要得到被计算机识别和处理的数字信号，还要对视频信息进行量化处理，就要使用图像采集卡。图 9-7 所示为图像采集卡。

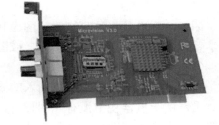

图 9-6　工业相机的镜头　　　　　　　　图 9-7　图像采集卡

3．图像分析处理

机器视觉系统中，视觉信息的处理主要依赖于图像处理，包括图像增强、数据编码和传输、平滑、边缘锐化、分割、特征抽取、图像识别与理解等内容。经过这些处理后，输出图像的质量得到相当程度的改善，既改善了图像的视觉效果，又便于计算机对图像进行分析、处理和识别。详细内容将在 9.3.3 节中介绍。

4．应用实例

（1）药粒检测

在制药行业，药粒检测仪是应用非常广泛的机器视觉系统之一。尤其在药粒生产线上，需要严格控制药粒的数量和药粒的破损。通常药粒的产量巨大，仅凭人的眼睛是无法达到监控目的。药粒检测仪用机器视觉代替人眼，实现对药粒封装数量和药粒本身破损情况的监控。如果在封装的过程中，有的药粒不慎弹出了生产线，或发现有的药粒损坏了，药粒检测仪便会发出报警，通知生产线停止及时处理，或通知机械手取出不合格的封装，如图 9-8 所示。

（2）说明书检测

说明书检测有着同药粒检测类似的原理，只是用于说明书检测的系统，需要识别更多的故障模式，如文字字符错误、条码错误、印刷脱墨、文字歪斜、印刷污损、色彩失真等，如图 9-9 所示。

图 9-8　在线药粒检测仪

图 9-9　说明书检测仪

（3）视觉抓取

视觉抓取是工业机器人控制领域中的典型应用。系统中将双目视觉识别作为机械手的辅助部分，通过模拟人眼的双目识别系统来判断被抓取物体的位置和远近，由软件系统生成位置信息，以控制机械手的动作。在该应用中，由于被抓取物体的形状、尺寸、材质等特征不同，因此，对视觉系统来说，如何能准确地识别物体的特征信息，并转化为机械手可以利用的信息，是系统设计的关键，视觉抓取机械手如图 9-10 所示。

在汽车的组装生产线上合用更复杂、更大型的抓取识别系统。在汽车的组装生产线上，视觉识别系统需要识别更复杂、更大型的汽车零部件，往往双目系统是不够用，在很多位置，很多角度，都需要安装相机，以达到收集多角度信息的目的，汽车制造业视觉抓取机械手如图 9-11 所示。

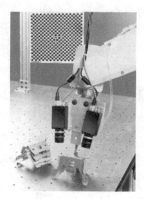

图 9-10　视觉抓取机械手

图 9-11　汽车制造业视觉抓取机械手

（4）SPI 和 AOI

SPI（Solder Paste Inspector）和 AOI（Auto Optical Inspector）的中文名称分别是锡膏检测仪和自动光学检测仪，是电子制造领域使用较多的检测设备之一，分别适用于 PCB 涂完锡膏后检测锡膏质量和焊接完后检测焊接质量，是实现焊接质量的高效控制手段。

据统计，SPI 的使用可将 PCB 成品不合格率降低 85% 以上；返修、报废成本大幅降低 90% 以上。SPI 与 AOI 联合使用，通过对 SMT 生产线实时反馈与优化，可使生产质量更趋平稳，大幅度缩短新产品导入时的不稳定试产阶段，节省成本。AOI 可大幅度降低焊锡误判率，从而提高直通率，有效节约人为纠错的人力和时间成本，AOI 和 SPI 如图 9-12 所示。

（5）工业显微镜

工业显微镜相比于传统的光学显微镜有很多优点，可以在屏幕上显示图像，可以放大或缩小拍摄的图像，可以由鼠标拖动图像，可以存储图像，甚至可以做尺寸测量等，因此，工业显微镜在做微观分析和故障分析时应用广泛，工业显微镜如图 9-13 所示。

图 9-12　AOI 和 SPI   图 9-13　工业显微镜

9.2.3　材料的选择

材料选择是指设计光学系统时，根据需要对光源、镜头、相机、采集控制卡、图像分析软件进行的选择。因为不同光学视觉系统性能不同，因此对材料的选择至关重要。

比如测量环境光线较暗，必须选择较亮的光源照明；在对被测物体表面质量精度要求较高时，可以选择单色光照明，从而滤除掉其他颜色光产生的干扰。有时为了测量被测物体的厚度信息，则采用多色光照明，因为物体高度不同，对不同波长光的反射角度不同，从而形成梯度信息，根据梯度信息再转化为高度信息。

同样，被测物体的大小、远近、色彩以及处理的数据量大小、摆放都不同，这就决定了必须选用不同的镜头、相机和采集卡以达到最佳和最经济的配合。比如，测量较大尺寸物体，则需要广角镜头，就像使用家用照相机拍摄风景时，需要另加广角镜头一样。有时需要清楚地识别远处和近处的物体，就需要具备足够景深的大景深镜头。有时需要视野正中的物体和视野边缘的物体都同样清晰，就需要畸变很小的远心镜头。

关于材料的选用内容繁多，而且需要很多基础知识作铺垫，在这里不再赘述。

任务 3　项目实施

9.3.1　外观结构

尺寸测量仪光学部分（不含图像处理）外观结构如图 9-14 所示，它由工业相机（含镜头）、照明光源、电源、支撑架及载物台构成。其中相机上的传输接口提供了与计算机系统的连接接口，通过电缆线的连接实现信号和图像数据的传输。需要说明的是，为了实现各种不同尺寸的测量目的，尺寸测量仪的构造将会采用不同的外观结构。

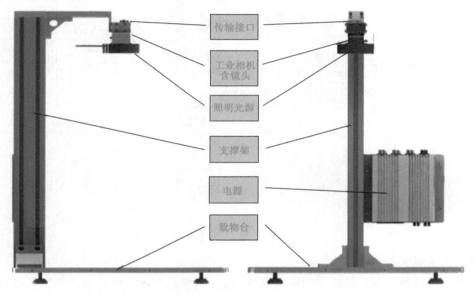

图 9-14　尺寸测量仪光学部分（不含图像处理）外观

9.3.2　尺寸测量仪

1. 尺寸测量仪

尺寸测量仪是工业生产检测中必不可少的测量工具，同传统的测量工具相比，它具有非接触、客观、多功能、高效率和高可靠性等特点。尤其在线式尺寸测量，需要与生产线节拍同步的测试速度，因此在线式光学尺寸测量仪的优点就显现了出来。传统测量需要人眼的观测，导致几次测量的人为误差，而使用尺寸测量仪，将使尺寸测量更客观。

传统尺寸测量不能达到的一些测试目的，采用尺寸测量仪都可以轻松实现。比如测不规则形状的面积、测不规则曲线的长度、测弧线的弧度、圆心等。

传统的测量基本都采用接触式，因此要求被测物体是刚性的，否则在接触过程中，非刚性物体存在较大变形，导致较大的偏差。而采用光学非接触尺寸测量仪，则没有对被测物体刚性的要求。比如，印刷线路板印刷完焊锡膏之后，对焊锡膏尺寸的测量，用通常的卡尺是实现不了的，这时就必须使用光学非接触尺寸测量仪。

对于微小尺寸的测量，光学非接触尺寸测量仪又起到了显微测量的功能，因为是先提取图像至计算机，因此，可对较微观的图像先放大再测量。只要相机提供了较大的像素和分辨率，那对微观尺寸的测量就会达到比较高的精度。

2. 测量原理

光学图像尺寸测量基本原理如图 9-15 所示。

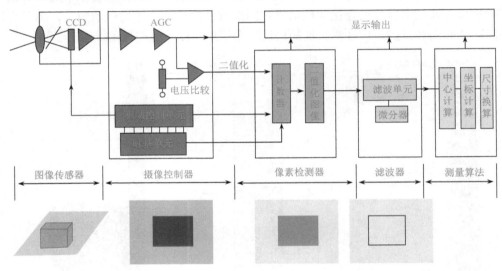

图 9-15　光学图像尺寸测量基本原理图

（1）图像摄取

由光学系统和工业相机构成的图像获取部分，摄取包含被测尺寸的被测物体平面图像，图像被摄取时，需要保证被测物体信息尽可能没有损失，因此如何保证图像信息的真实性和可靠性，是设计这一部分应充分考虑的问题。选择光源、镜头和相机尤其重要。

（2）图像属性调节

图像属性调节由摄像控制器部分完成。在摄取图像过程中，受外界光线干扰较大，因此通过对图像属性调节，以获得最佳亮度、对比度和色调等参数要求。如果图像不清晰，将会导致软件对图像处理或计算偏差，尤其在尺寸测量时，对边缘的提取至关重要。边缘模糊的话，那么软件对边缘的识别将偏离它的实际边缘，边缘模糊对测量尺寸的影响如图 9-16 所示。

（3）二值化

图像需要完成二值化才能使用，完成二值化的图像是由像素构成的，后续对图像的处理实际上就是对每个像素或是对某一批像素的处理，二值化示意图如图 9-17 所示。

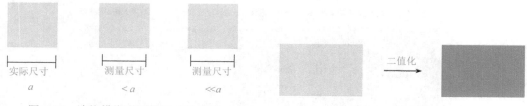

图 9-16　边缘模糊对测量尺寸的影响　　　　　　图 9-17　二值化示意图

（4）滤波

滤波是将图像中的噪声（污点、杂点）滤掉，得到清楚干净的图像，以便于软件不受干扰地处理图像。对于尺寸测量，边缘如果粘有异物，将会导致边缘识别误差。在质量监控中，存在噪声（异物）时，将导致错误认识被测物体，引起测量错误。对于需要提取边缘的测量，边缘信息至关重要。软件将会把边缘以外的图像信息滤掉，得到被测物体清晰的轮廓。

（5）测量

尺寸测量实际上是计算测量区间内的像素数，尺寸形成示意图如图 9-18 所示，横向尺寸范围内包含 16 个像素，假设每一个像素尺寸为 1.5mm，那么它的横向尺寸就是 24mm。

16像素

图 9-18　尺寸形成示意图

 ## 9.3.3　工作过程

1．测量软件

测量软件是尺寸检测仪的图形化用户界面，作为用户与被测物体和测量系统硬件联系的纽带，负责将接收到的图像信息进行处理，并得出用户需要的数据。较为复杂的视觉软件系统，还附带了大量的工具包，为客户搭建自己的测试方案和测试系统，对进行更复杂的测试提供帮助。

（1）启动图标

专用的视觉测量系统在计算机开机时，就默认进入测量软件界面，而不必单击程序启动图标。这里提供位于 Windows 桌面的启动图标，从桌面或者"开始"菜单里单击程序图标，即可启动进入程序。图 9-19 所示为启动图标，仅供参考，有可能与你的尺寸测量仪启动图标有所不同。

图 9-19　启动图标

（2）主操作界面

程序启动后，即进入主操作界面，如图 9-20 所示。

主操作界面由以下几个部分构成：

① 标题栏。标题栏主要显示软件名称等信息，还有[最小化]、[最大化]和[关闭]三个系统按钮。

② 菜单栏。菜单栏由文件、工具和帮助菜单三个子菜单构成。"文件"菜单包括[退出程序]菜单项；"工具"菜单包括[长度]、[宽度]、[面积]和[厚度]菜单项；"帮助"菜单包括[关于]菜单项。

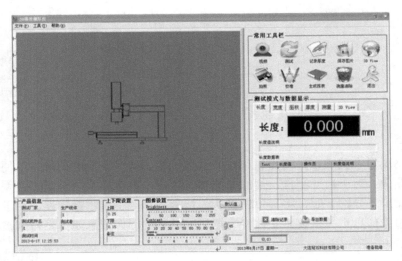

图 9-20   主操作界面

③ 常用工具栏。常用工具栏包括 10 个按钮，分别是：

[视频]：启动/停止视频；

[测试]：测试厚度；

[记录厚度]：记录厚度数据到数据表；

[保存图片]：保存当前测量工作区中显示的图像（BMP 格式，用于分析）；

[3D View]：观察所测物体的 3D 图；

[拍照]：在视频模式下捕捉当前帧；

[校准]：对标准量块的标定；

[生成报表]：将记录的数据生成 Excel 表格；

[测量清除]：清除当前所测量的数据；

[退出]：退出系统。

④ 测量工作区。显示图像。

⑤ 测量模式和数据显示栏。显示从测量工作区中获取的长度、宽度、面积、厚度、测量和 3D View 的测量结果。

⑥ 厚度数据表栏。记录厚度测量结果数据和测量时间、备注等相关信息，并保存到数据库。

⑦ 产品信息栏。设置跟数据测量和记录有关的各种参数和信息，包括测试厂家、生产线体、测试机种名、测试者、测试时间等。

⑧ 上下限设置栏。对所测物体厚度值的上下限设置。

⑨ 图像设置栏。对图像的亮度、对比度和饱和度的调节。

（3）产品信息

如果要测量一件产品，首先要将产品的一些信息填到相应的地方。操作流程为：在[产品信息]栏菜单里 X 处填入"测试厂家"、"生产线体"、"测试机种名"、"测试者"，用户填写完成并确认后，则添加信息成功，产品信息界面如图 9-21 所示。

修改产品信息时，可在[产品信息]栏菜单修改。

（4）测试模式与数据显示

在界面上可以设置测试模式和数据显示，如图 9-22 所示。

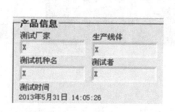

图 9-21　产品信息界面　　　　　图 9-22　测试模式与数据显示界面

图 9-22 中的长度、宽度、面积、厚度等的测量均可以测量，在后面做详细介绍。

（5）图像设置

本软件允许用户设置亮度（Brightness）、对比度（Contrast）、色调饱和度（Gamma）等属性，默认值分别为 128、45、1，如图 9-23 所示。

（6）视频模式和拍照模式

① 启动视频。如果视频设备连接正常，则单击"常用工具栏"中的[视频]按钮，即可以进入视频模式。注意，启动视频后，操作视频前，应让视频稳定，否则可能会影响测量的准确性。

叠加十字线测量软件在视频模式下能够叠加十字线，如图 9-24 所示。十字线主要用做辅助对焦线。

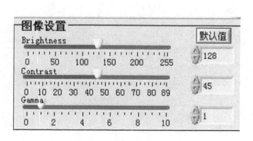

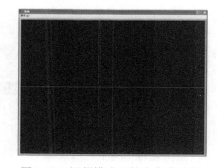

图 9-23　图像设置界面　　　　　图 9-24　视频模式下的十字线功能

② 视频模式定位好后，单击"常用工具栏"中的[拍照]按钮，即可捕捉视频当前帧，同时"测量工作区"切换进入图像模式。操作视频拍照后，单击"常用工具栏"中的[保存图片]按钮，把捕捉到的帧保存成图像（BMP）文件。

2. 测量过程

功能测试包括长度、宽度、面积以及 3D View 中的测量，测量功能如图 9-25 所示。

（1）长度与宽度测量

单击"测试模式和数据显示栏"的"长度"或"宽度"按钮，即进入长度或者宽度测量模式。在图片显示区，随机画一个矩形，然后单击"常用工具栏"中的"测试"按钮，图形的长度或宽度就会在"数据测试与数据显示"栏显示出来，如图 9-26 所示。

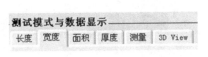

图 9-25　测量功能

图 9-26　长度的测量

（2）面积测量

单击"测试模式和数据显示"栏的"面积"按钮，即进入面积测量模式，如图 9-27 所示。

（3）测量模块的使用

单击"测试模式和数据显示"栏的"测量"按钮，如图 9-28 所示，它包含 15 个功能，将鼠标指到相应的图标，就会有文字提示其功能，单击图中能满足自己的图标，实现相应的功能。

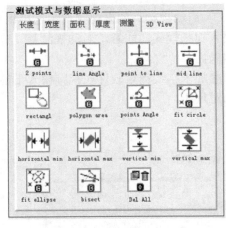

图 9-27　面积的测量

图 9-28　测量模块

各模块功能如下：

2 points：测量两点间的距；

line Angle：测量两条线间夹角；

point to line：测量点到线的距离；

mid line：标注任一点和任一直线间的平分线，平分线与直线平行；

rectang1：测量任意矩形的长、宽、面积和周长；

polygon area：测量任意多边形面积；

points Angle：任意 4 点，1、2 点形成直线，3、4 点形成直线，测量两条直线间夹角；

fit circle：任意 3 点形成一个圆，测量圆的半径、面积和周长；

horizontal min：测量横向夹子内侧尺寸，自动寻找边缘；

horizontal max：测量横向夹子外侧尺寸，自动寻找边缘；

vertical min：测量纵向夹子内侧尺寸，自动寻找边缘；

vertical max：测量纵向夹子外侧尺寸，自动寻找边缘；

fit ellipse：任意 6 点形成一个最优椭圆，测量椭圆的面积和周长；

bisect：标注任意两条线的平分线；

Del All：清除图片中测量记录，可进行多次测量。

下面以角度的测量为例说明测量过程。

① 选择 line Angle。

② 用鼠标在目标图像上任意画两条直线即可读取目标角的角度值，如图 9-29 所示。

（4）3D View 的使用

单击"测试模式和数据显示"栏的"3D View"按钮，再单击"常用工具栏"中的"3D View"，按钮，即可出现 3D 图像，如图 9-30 所示。

图 9-29 角度测量

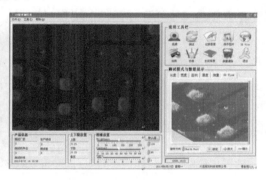

图 9-30 3D 图像

（5）尺寸校正

尺寸校正的过程如下：

① 打开视频；

② 把随机配置的宽度差为 0.2mm 的校正块（陶瓷或者不锈钢量块）紧密相连，放置在工作平台上；

③ 显示校正块的图像，如图 9-31 所示；

④ 测试长度值；

⑤ 校正块长度值如图 9-32 所示；

图 9-31 校正块图像

长度： 0.209 mm

图 9-32 校正块长度值

⑥ 单击校准并输入 0.200，然后单击"确定"按钮，如图 9-33 所示。

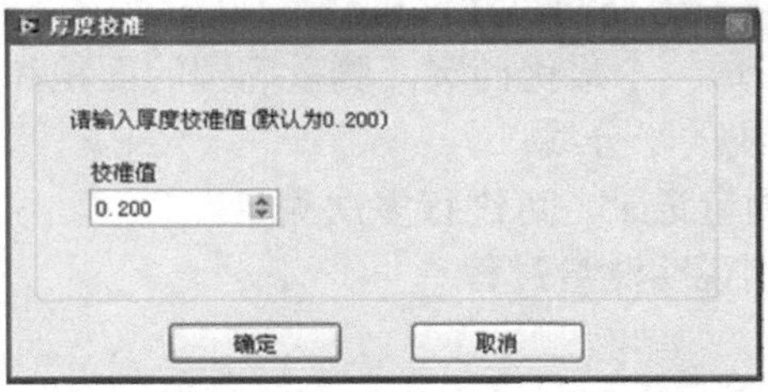

图 9-33 校准

⑦ 校正完毕，测试厚度值为 0.200。

9.3.4 尺寸测量仪的搭建

1. 设备及元器件

设备及元器件清单如表 9-1 所示。

表 9-1 设备及元器件清单

序 号	设备及元器件	数 量
1	工业相机	1 台
2	镜头	1 个
3	光源	1 个
4	数据线	1 套
5	计算机	1 台
6	测试软件	1 套
7	结构支架	1 套
8	标准量块	1 个

2. 搭建前注意事项

（1）清晰地辨识工业相机和镜头的差别；
（2）不能用手触摸相机的传感器部分，以免静电损伤像素单元；
（3）不能用手触碰镜头的透镜，以免损伤表面镀膜层；
（4）电缆线不能混淆使用，注意接口的差别；
（5）相机等光学元件应注意轻拿轻放；
（6）紧固螺钉必须拧紧。

3. 搭建

（1）搭建准备
① 清理搭建现场；

② 清点元器件数量是否正确；

③ 检查设备及元器件有无损坏；

④ 尤其检查接口插针是否歪斜，插口是否有异物；

⑤ 搭建工具与元器件分开，保持 20cm 以上的距离，防止碰伤。

（2）搭建工艺要求

① 紧固螺钉要锁紧，不规定具体的力矩数值；

② 载物台保持水平，如有水平度的特殊要求，需要使用水平仪校正；

③ 相机要与载物台面保持垂直，以相机的视野能覆盖被测对象为宜；

④ 相机的固定螺钉需试探性拧紧，防止用力过猛损坏相机的螺孔螺纹；

⑤ 接口信号线的插入，保证正对后再小心插入，防止插针损坏；

⑥ 带有固定螺钉的插头的固定，注意两边的螺钉同时试探性拧紧，防止偏斜；

⑦ 需要数据采集卡的测量仪，在装配数据采集时，同装配计算机板卡的要求一致。

4．调试

（1）调试准备

① 将多余的搭建工具收拾起来，装进工具箱；

② 将杂乱无章的线缆整理有序，防止缠绕，保证不妨碍相机视野；

③ 再次检查是否有元器件或螺钉等遗留，并保证没有任何遗留物存在；

④ 检查完成后的检查仪的紧固部位、线缆接口是否有异常，并排除异常；

⑤ 检查相机与载物台之间是否有障碍物，将其清空；

⑥ 保证无误后，开启计算机，开启照明电源；

⑦ 启动测试软件，熟悉测试软件的界面及功能。

（2）光学调试

光学调试步骤如表 9-2 所示。

表 9-2　光学调试步骤

序号	光学调试内容及步骤	目　　的
①	将校准标准量块放置于载物台，相机的正下方	初步确定被测物体的位置，方便校准时能较容易找到工件
②	用手前后左右移动标准量块使量块处于视野正中心	为了减小测试误差，工件必须放置于视野正中心
③	调整相机上下移动的旋钮手柄，调整相机焦距，使屏幕中视野中的量块达到最清晰	为了减小测试误差，被测位置必须位于相机镜头组的聚焦平面上
④	第②与第③步可以交叉进行调试	达到最佳效果

（3）校准调试

校准调试步骤如表 9-3 所示。

表 9-3　校准调试步骤

序号	校准调试内容及步骤	目　　的
①	明确标准量块的间隔是多少毫米	标准量块是校准测量仪器必备的依据
②	打开校准菜单	校准菜单在测试软件中是不可缺少的内容
③	用鼠标将两条测试线分别用矩形框框住，以指明标准尺寸线	告诉测试软件，将要对框住的两条测试线之间的尺寸进行校准
④	将标准的量块间隔尺寸输入计算机，以告知计算机第二步的尺寸为标准尺寸	以框住的两条测试线之间的尺寸作为标准尺寸
⑤	关闭校准窗口	完成校准

（4）故障排除

常见故障排除过程如表 9-4 所示。

表 9-4　常见故障表

序号	常见故障模式	可能原因	解决方法
①	视野中漆黑一片	镜头盖没摘掉	摘掉镜头盖
②	视野中无任何工件	工件不在视野中 相机焦距没调准	移动工件到视野 上下移动相机，直到视野中有清晰的工件为止
③	移动工件时，视野中工件的影像不跟随移动	相机的信号线没插牢，或线芯断路	检查信号线的接口，重新插牢或更换线缆
④	在校准或测试的过程中，视野中的被测物影像由清晰变模糊	相机的旋钮手柄调完焦距后没锁紧，导致缓慢下滑	重新调整焦后并锁紧

5．测量

在测量过程中，学习测试直线尺寸和弧度尺寸。

（1）直线尺寸测量

① 打开测量菜单；

② 单击直线测试按钮，打开测试窗口；

③ 选择要测试的两个边缘，用矩形框框住；

④ 单击测试，尺寸数据显示在屏幕上；

⑤ 再选择相同尺寸的不同测试位置，测试 10 组；

⑥ 记录 10 组数据；

⑦ 计算 10 组数据的平均值和离散值，制成报表。

（2）弧度尺寸测量

同理完成曲线弧度的测试。

任务 4　项目考核

项目考核评价表如表 9-5 所示。

表 9-5　项目考核评价表

班　级		组　别		日　期	
小组成员分工	组　长				得分：
	检测员				得分：
	装配工				得分：
	调试工				得分：
	记录员				得分：
考　核　内　容		为其他组相应项目评分			
1．元器件检测：对照清单正确清点检测。（20分）					
2．仪器组装： （1）按要求装配正确；（30） （2）螺钉，连线，接口美观。（20分）					
3．功能调试及测量：尺寸测量。 （1）按要求调试，功能正确；（15分） （2）故障排除。（5分）					
4．安全文明：安全操作，文明生产。 （1）完成6S要求，有创新意识；（5分） （2）遵纪守规，互助协作。（5分）					
教师为本组评分：					

备注：教师根据资料记录和整理情况给记录员打分，记录员负责本组成员打分，本组成员共同商定给其他组打分。

项目测试

1．选择题

（1）视觉处理系统是人工智能及自动化相关产业必不可少的核心零部件之一，而（　　）又是视觉处理系统的核心零部件之一。

　　　　A．二极管　　　　B．集成电路　　　　C．显卡　　　　D．工业相机

（2）工业相机一般由高度集成的（　　）或（　　）传感器模块和密闭外壳两部分组成。

　　　　A．CCD　　　　B．压敏　　　　C．CMOS　　　　D．气敏

（3）分辨率是（　　）。

A．当工业相机摄取等间隔排列的黑白相间条纹时，在监视器上能够看到的最多线数

B．当被摄景物的光亮度低到一定程度而使工业相机输出的视频信号电平低到某一规定值时的景物光亮度值

C．工业相机 CCD 传感器的像素数

D．以上都对

（4）典型的视觉系统一般由（　　　　　　）三大部分构成。

A．灵敏度、分辨率和像素数

B．图像采集、图像分析处理和输入/输出

C．相机、照明和信号线

D．镜头、光源和显卡

（5）在制药厂的药粒封装线上，采用光学检测仪的目的，一般是监控药粒的（　　）和（　　）。

A．成分　　　　　　B．数量　　　　　　C．破损　　　　　　D．硬度

2．填空题

（1）工业相机又称（　　　　），是将（　　　　）转换成（　　　　）输出的装置。

（2）相比于传统的民用相机，工业相机就有高（　　　　）、高（　　　　）和高（　　　　）等优良性能，因此在很多领域得到广泛应用。

（3）像素数指的是工业相机传感器的最大像素数，对于一定尺寸的芯片，像素数越多则意味着每一像素单元的面积越（　　　　），因而分辨率也就越（　　　　）。

（4）典型的视觉系统一般由（　　　　）、（　　　　）和（　　　　）三大部分构成。

（5）图像采集部分包括（　　　　）、（　　　　）、（　　　　）和（　　　　）。

（6）图像处理部分包括集成各种（　　　　）的（　　　　）软件。

（7）工业相机的输出接口形式有（　　　　）、（　　　　）、（　　　　）、（　　　　）和（　　　　）等几种。

（8）若要得到由计算机处理与识别的数字信号，还需对视频信息进行（　　　　）处理。（　　　　）是进行视频信息量化处理的重要工具。

（9）常见的一些图像处理方法包括图像增强、数据编码和传输、（　　　　）、（　　　　）、（　　　　）、特征抽取、图像识别与理解等内容。

（10）（　　　　）和（　　　　）是电子制造领域监测 PCB 焊接质量使用较多的设备，前者用于 PCB 板涂焊膏（　　　　），后者用于焊接（　　　　）。

3．简答题

（1）什么是机器视觉？简述其构成。

（2）CCD 与 CMOS 传感器的感光原理区别有哪些？

（3）工业相机的分类有哪几种？

（4）简述三种机器视觉系统在实际生产生活中的应用。

4．思考题

如果校准标准块随着时间的推移，表面磨损尺寸变小，那么由它校对的测量仪器测出来的尺寸是偏大还是偏小？

5．项目拓展

（1）如果想测试工件高度，整个仪器该如何设计？
（2）想想药片封装生产线判断药片缺失运用的是什么原理？

项目小结

1．光学传感器是工业相机的核心零部件之一，负责将光信号直接转化成电信号。目前此类光学传感器从感光原理可分为两种，一种是 CCD 传感器，一种是 CMOS 传感器。由于其感光原理和微观结构不同，决定了各自的优点，可以根据不同的需求来选择。

2．将 CCD 或 CMOS 光学传感器增加数据传输接口，就可扩展为工业相机，不同性能的光学传感器配以不同功能的接口，就构成了不同性能的工业相机。选择工业相机时，必须关注工业相机的特性，如像素数、分辨率、信噪比等。

3．工业视觉系统是对工业相机的扩展应用，典型的系统构成如图 9-34 所示。

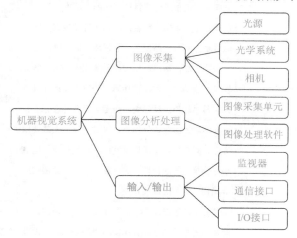

图 9-34　典型系统构成框图

4．在现实生活中，机器视觉被广泛地应用于各个领域，几种比较典型的应用有药粒封装生产线上的药粒检测仪；印刷行业中使用的印刷质量检测仪；工业机器人领域使用的视觉抓取；电子线路板焊接领域使用的 SPI 和 AOI；工业生产中用于质量控制的工业显微镜等。

5．尺寸测量仪是工业中用于尺寸测量的仪器，它具有非接触、客观、多功能、高效率和高可靠性等优点。

附录 A 常用传感器的性能及选择

传感器类型	典型示值范围	特点及对环境的要求	应用场合与领域
金属热电阻	–200～960℃	精度高，不需冷端补偿；对测量桥路及电源稳定性要求较高	测温、温度控制
热敏电阻	–50～150℃	灵敏度高，体积小，价廉；线性差，一致性差，测温范围较小	测温、温度控制及温度有关非电量测量
热电偶	–200～1800℃	属自发电型传感器，精度高，测量电路简单；冷端温度补偿电路较复杂	测温、温度控制
PN 结集成温度传感器	–50～150℃	体积小，集成度高，精度高，线性好，输出信号大，测量电路简单；测温范围小	测温、温度控制
热成像	距离 1000m 以内、波长 3～16μm 的红外辐射	可在常温下依靠目标自身发射的红外辐射工作，能得到目标的热像；分辨率较低	探测发热体、分析热像上的各点温度
电位器	500mm 以下或 360°以下	结构简单，输出信号大，测量电路简单；易磨损，摩擦力大，需要较大的驱动力或力矩，动态响应差，置于无腐蚀性气体的环境中	直线和角位移及张力测量
应变片	2000μm/m 以下	体积小，价廉，精度高，频率特性较好；输出信号小，测量电路复杂，易损坏，需定时校验	力、应力、应变、扭矩、质量、振动、加速度及压力测量
自感、互感	100mm 以下	分辨力高，输出电压较高；体积大，动态响应较差，需要较大的激励功率，分辨力与线性区有关，易受环境振动影响，需考虑温度补偿	小位移、液体及气体的压力测量及工件尺寸的测量
电涡流	50mm 以下	非接触式测量，体积小，灵敏度高，安装使用方便，频响好，应用领域宽广；测量结果标定复杂，分辨力与线性区有关；需远离不属被测物的金属物；需考虑温度补偿	小位移、振幅、转速、表面温度、表面状态及无损探伤、接近开关
电容	50mm 以下 360°以下	需要的激励源功率小，体积小，动态响应好，能在恶劣的条件下工作；测量电路复杂，对湿度影响较敏感，需要良好的屏蔽	小位移、气体及液体压力、流量测量、厚度、含水量、湿度、液位测量、接近开关
CCD	波长 0.4～1μm 的光辐射	非基础，高分辨率，集成度高，耗电省；价昂，须防尘、防震	形状测量、图形及文字识别、摄取彩色图像
压电	10^6N 以下	属于自发电型传感器，体积小，高频响应好，测量电路简单；不能用于静态测量，受潮后易产生漏电	动态力、振动、加速度测量
光敏电阻	视应用情况而定	非接触式测量，价廉；响应慢，温漂大，线性差	测光、光控

续表

传感器类型	典型示值范围	特点及对环境的要求	应用场合与领域
光敏晶体管	视应用情况而定	非接触式测量，动态响应好，应用范围广；易受外界杂光干扰，需要防光罩	照度、转速、位移、振动、透明度、颜色测量、接近开关，光幕等
光纤	视应用情况而定	非接触，可远距离传输，应用范围广，可测微小变化，绝缘电阻高，耐高压；测量光路及电路复杂，易受外界干扰，测量结果标定复杂	超高电压、大电流、磁场、位移、振动、力、应力、长度、液位、温度
霍尔	$0.001 \sim 0.2T$	非接触，体积小，线性好，动态响应好，测量电路简单，应用范围广；易受外界磁场影响、温漂较大	磁感应强度、角度、位移、振动、转速测量
磁阻	$0.1 \sim 1000Gs$	非接触，体积小，灵敏度高；不能分辨磁场方向，线性较差，温漂大，需要差动补偿	电子罗盘、磁力探矿、漏磁探测、伪币检测、角位移、转速测量
超声波	视应用情况而定	非接触式测量，动态响应好，应用范围广；测量电路复杂，定向性差，测量结果标定困难	无损探伤、距离、速度、位移、流量、流速、厚度、液位、物位测量
角编码器	10000r/min 以下，角位移无上限	测量结果数字化，精度较高，受温度影响小，成本较低	角位移、转速测量，经直线-旋转变换装置也可测量直线位移
光栅	20m 以下	测量结果数字化，精度高，受温度影响小；价昂，不耐冲击，易受油污及灰尘影响，须用遮光、防尘罩防护	大位移、静动态测量，多用于自动化机床
磁栅	30m 以下	测量结果数字化，精度高，受温度影响小，磁录方便；价格比光栅低，精度比光栅低，易受外界磁场影响，需要屏蔽，摩擦力大，应防止磁头磨损	大位移、静动态测量，多用于自动化机床
容栅	1m 以下	测量结果数字化，精度高，受温度影响小，可用电池供电；价格比磁栅低，精度比磁栅高，易受外界电场影响，需要屏蔽	静动态测量，多用于数显量具

参 考 文 献

[1] 梁森，黄杭美. 自动检测与转换技术（第 3 版）. 北京：机械工业出版社，2007.

[2] 徐军，冯辉. 传感器技术基础与应用实训. 北京：电子工业出版社，2010.

[3] 解太林. 自动检测技术（第 2 版）. 北京：高等教育出版社，2009.

[4] 杨少光. 机电一体化设备的组装与调试. 南宁：广西教育出版社，2009.

[5] 刘伟. 传感器原理及实用技术. 北京：电子工业出版社，2006.

[6] 王迪. 传感器电路制作与调试项目教程. 北京：电子工业出版社，2011.

[7] 张靖，刘少强. 检侧技术与系统设计. 北京：中国电力出版社，2001.

[8] 张玉莲. 传感器与自动检测技术. 北京：机械工业出版社，2011.

[9] 王启洋. PLC 与变频器控制项目实训. 北京：高等教育出版社，2013.